IMPRIMÉ CHEZ PAUL RENOUARD,

RUE DE L'HIRONDELLE, N° 22.

MÉDITATIONS
MÉTAPHYSIQUES,

PAR

DESCARTES.

A PARIS,

CHEZ ANTOINE-AUGUSTIN RENOUARD.

M DCCC XXV.

A MESSIEURS

MÉDITATIONS

MÉTAPHYSIQUES.

IMPRIMÉ CHEZ PAUL RENOUARD,
RUE DE L'HIRONDELLE, No 22.

CF

MÉDITATIONS

MÉTAPHYSIQUES,

PAR

DESCARTES.

A PARIS,

CHEZ ANTOINE-AUGUSTIN RENOUARD.

M DCCC XXV.

LES DOYENS ET DOCTEURS

DE

LA SACRÉE FACULTÉ DE THÉOLOGIE

DE PARIS.

MESSIEURS,

La raison qui me porte à vous présenter cet ouvrage est si juste, et, quand vous en connoîtrez le dessein, je m'assure que vous en aurez aussi une si juste de le prendre en votre protection, que je pense ne pouvoir mieux faire pour vous le rendre en quelque sorte recommandable, que de vous dire en peu de mots ce que je m'y suis proposé. J'ai toujours estimé que les deux questions de Dieu

I

et de l'âme étoient les principales de
celles qui doivent plutôt être démontrées par les raisons de la philosophie
que de la théologie : car, bien qu'il
nous suffise à nous autres qui sommes fidèles, de croire par la foi
qu'il y a un Dieu, et que l'âme humaine ne meurt point avec le corps,
certainement il ne semble pas possible de pouvoir jamais persuader
aux infidèles aucune religion, ni
quasi même aucune vertu morale,
si premièrement on ne leur prouve
ces deux choses par raison naturelle;
et d'autant qu'on propose souvent
en cette vie de plus grandes récom-
penses pour les vices que pour les
vertus, peu de personnes préfére-
roient le juste à l'utile, si elles n'é-

toient retenues ni par la crainte de
Dieu ni par l'attente d'une autre vie;
et quoiqu'il soit absolument vrai
qu'il faut croire qu'il y a un Dieu,
parce qu'il est ainsi enseigné dans les
saintes Écritures, et d'autre part qu'il
faut croire les saintes Écritures parce
qu'elles viennent de Dieu (la raison
de cela est que la foi étant un don
de Dieu, celui-là même qui donne la
grâce pour faire croire les autres choses la peut aussi donner pour nous faire
croire qu'il existe), on ne sauroit néanmoins proposer cela aux infidèles, qui
pourroient s'imaginer que l'on com-
mettroit en ceci la faute que les logi-
ciens nomment un cercle.

Et de vrai j'ai pris garde que vous
autres, Messieurs, avec tous les théo-

logiens, n'assuriez pas seulement que l'existence de Dieu se peut prouver par raison naturelle, mais aussi que l'on infère de la sainte Écriture que sa connoissance est beaucoup plus claire que celle que l'on a de plusieurs choses créées, et qu'en effet elle est si facile que ceux qui ne l'ont point sont coupables; comme il paroît par ces paroles de la Sagesse, chap. XIII, où il est dit que *leur ignorance n'est point pardonnable; car si leur esprit a pénétré si avant dans la connoissance des choses du monde, comment est-il possible qu'ils n'en aient point reconnu plus facilement le souverain Seigneur?* et aux Romains, chap. I, il est dit qu'ils sont *inexcusables;* et encore au même endroit, par ces paroles, *Ce qui est connu de Dieu est manifeste dans eux*, il semble que nous soyons avertis que tout ce qui se peut savoir de Dieu peut être montré par des raisons qu'il n'est pas besoin de tirer d'ailleurs que de nous-mêmes et de la simple considération de la nature de notre esprit. C'est pourquoi j'ai cru qu'il ne seroit pas contre le devoir d'un philosophe si je faisois voir ici comment et par quelle voie nous pouvons, sans sortir de nous-mêmes, connoître Dieu plus facilement et plus certainement que nous ne connoissons les choses du monde.

Et, pour ce qui regarde l'âme, quoique plusieurs aient cru qu'il n'est pas aisé d'en connoître la nature, et que quelques-uns aient mê-

me osé dire que les raisons humaines
nous persuadoient qu'elle mouroit
avec le corps, et qu'il n'y avoit que
la seule foi qui nous enseignât le contraire, néanmoins, d'autant que le
concile de Latran tenu sous Léon X,
en la session 8, les condamne, et
qu'il ordonne expressément aux philosophes chrétiens de répondre à
leurs arguments, et d'employer toutes
les forces de leur esprit pour faire
connoître la vérité, j'ai bien osé
l'entreprendre dans cet écrit. De
plus, sachant que la principale raison
qui fait que plusieurs impies ne veu-
lent point croire qu'il y a un Dieu
et que l'âme humaine est distincte
du corps, est qu'ils disent que personne jusqu'ici n'a pu démontrer ces

deux choses ; quoique je ne sois
point de leur opinion, mais qu'au
contraire je tienne que la plupart
des raisons qui ont été apportées par
tant de grands personnages, touchant ces deux questions, sont autant de démonstrations quand elles
sont bien entendues, et qu'il soit
presque impossible d'en inventer de
nouvelles ; si est-ce que je crois
qu'on ne sauroit rien faire de plus
utile en la philosophie que d'en rechercher une fois avec soin les meilleures, et les disposer en un ordre si
clair et si exact qu'il soit constant
désormais à tout le monde que ce
sont de véritables démonstrations.
Et enfin, d'autant que plusieurs
personnes ont desiré cela de moi,

qui ont connoissance que j'ai cultivé
une certaine méthode pour résoudre
toutes sortes de difficultés dans les
sciences; méthode qui de vrai n'est
pas nouvelle, n'y ayant rien de plus
ancien que la vérité, mais de laquelle
ils savent que je me suis servi assez
heureusement en d'autres rencontres, j'ai pensé qu'il étoit de mon
devoir d'en faire aussi l'épreuve sur
une matière si importante.

Or, j'ai travaillé de tout mon possible pour comprendre dans ce traité
tout ce que j'ai pu découvrir par
son moyen. Ce n'est pas que j'aie ici
ramassé toutes les diverses raisons
qu'on pourroit alléguer pour servir
de preuve à un si grand sujet; car
je n'ai jamais cru que cela fût néces-

saire, sinon lorsqu'il n'y en a aucune qui soit certaine : mais seulement j'ai traité les premières et
principales d'une telle manière que
j'ose bien les proposer pour de
très évidentes et très certaines démonstrations. Et je dirai de plus
qu'elles sont telles, que je ne pense
pas qu'il y ait aucune voie par où
l'esprit humain en puisse jamais
découvrir de meilleures ; car l'importance du sujet, et la gloire de
Dieu, à laquelle tout ceci se rapporte, me contraignent de parler
ici un peu plus librement de moi
que je n'ai de coutume. Néanmoins,
quelque certitude et évidence que je
trouve en mes raisons, je ne puis
pas me persuader que tout le monde

soit capable de les entendre. Mais,
tout ainsi que dans la géométrie il
y en a plusieurs qui nous ont été
laissées par Archimède, par Apol-
lonius, par Pappus, et par plusieurs
autres, qui sont reçues de tout le
monde pour très certaines et très
évidentes, parce qu'elles ne contiennent rien qui, considéré séparément, ne soit très facile à connoître, et que partout les choses qui
suivent ont une exacte liaison et
dépendance avec celles qui les pré-
cèdent; néanmoins, parce qu'elles
sont un peu longues, et qu'elles demandent un esprit tout entier, elles
ne sont comprises et entendues que
de fort peu de personnes : de même,
encore que j'estime que celles dont

je me sers ici égalent ou même
surpassent en certitude et évidence
les démonstrations de géométrie,
j'appréhende néanmoins qu'elles ne
puissent pas être assez suffisamment
entendues de plusieurs, tant parce
qu'elles sont aussi un peu longues
et dépendantes les unes des autres,
que principalement parce qu'elles
demandent un esprit entièrement
libre de tous préjugés, et qui se
puisse aisément détacher du commerce des sens. Et, à dire le vrai,
il ne s'en trouve pas tant dans le
monde qui soient propres pour les
spéculations de la métaphysique que
pour celles de la géométrie. Et de
plus il y a encore cette différence,
que, dans la géométrie, chacun étant

prévenu de cette opinion qu'il ne
s'y avance rien dont on n'ait une
démonstration certaine, ceux qui n'y
sont pas entièrement versés pèchent
bien plus souvent en approuvant
de fausses démonstrations, pour
faire croire qu'ils les entendent, qu'en
réfutant les véritables. Il n'en est
pas de même dans la philosophie, où
chacun croyant que tout y est pro-
blématique, peu de personnes s'a-
bandonnent à la recherche de la
vérité, et même beaucoup, se vou-
lant acquérir la réputation d'esprits
forts, ne s'étudient à autre chose
qu'à combattre avec arrogance les
vérités les plus apparentes.

C'est pourquoi, Messieurs, quelque force que puissent avoir mes

raisons, parce qu'elles appartiennent à la philosophie, je n'espère pas qu'elles fassent un grand effet sur les esprits, si vous ne les prenez en votre protection. Mais l'estime que tout le monde fait de votre compagnie étant si grande, et le nom de Sorbonne d'une telle autorité que non-seulement en ce qui regarde la foi, après les sacrés conciles, on n'a jamais tant déféré au jugement d'aucune autre compagnie, mais aussi en ce qui regarde l'humaine philosophie, chacun croyant qu'il n'est pas possible de trouver ailleurs plus de solidité et de connoissance, ni plus de prudence et d'intégrité pour donner son jugement, je ne doute point, si vous daignez prendre tant de soin

de cet écrit que de vouloir premièrement le corriger (car ayant connoissance non seulement de mon
infirmité, mais aussi de mon ignorance, je n'oserois pas assurer qu'il
n'y ait aucunes erreurs), puis après
y ajouter les choses qui y manquent,
achever celles qui ne sont pas parfaites, et prendre vous - mêmes la
peine de donner une explication plus
ample à celles qui en ont besoin, ou
du moins de m'en avertir afin que
j'y travaille; et enfin, après que les
raisons par lesquelles je prouve qu'il
y a un Dieu et que l'âme humaine
diffère d'avec le corps, auront été
portées jusques à ce point de clarté
et d'évidence, où je m'assure qu'on
les peut conduire, qu'elles devront

être tenues pour de très exactes démonstrations , si vous daignez les
autoriser de votre approbation , et
rendre un témoignage public de leur
vérité et certitude; je ne doute point,
dis-je , qu'après cela toutes les erreurs et fausses opinions qui ont
jamais été touchant ces deux questions ne soient bientôt effacées de
l'esprit des hommes. Car la vérité fera
que tous les doctes et gens d'esprit
souscriront à votre jugement; et votre
autorité, que les athées, qui sont pour
l'ordinaire plus arrogants que doctes
et judicieux, se dépouilleront de leur
esprit de contradiction, ou que peut-
être ils défendront eux-mêmes les raisons qu'ils verront être reçues par toutes les personnes d'esprit pour des

démonstrations, de peur de paroître
n'en avoir pas l'intelligence ; et enfin tous les autres se rendront aisément à tant de témoignages, et il
n'y aura plus personne qui ose douter de l'existence de Dieu et de la
distinction réelle et véritable de l'âme
humaine d'avec le corps.

C'est à vous maintenant à juger
du fruit qui reviendroit de cette
créance, si elle étoit une fois bien
établie, vous qui voyez les désordres
que son doute produit : mais je n'aurois pas ici bonne grâce de recom-
mander davantage la cause de Dieu
et de la religion à ceux qui en ont
toujours été les plus fermes colonnes.

PRÉFACE.

J'ai déjà touché ces deux questions de Dieu et de l'âme humaine
dans le Discours françois que je mis
en lumière en l'année 1637, touchant
la méthode pour bien conduire sa
raison et chercher la vérité dans les
sciences : non pas à dessein d'en
traiter alors à fond, mais seulement
comme en passant, afin d'apprendre par le jugement qu'on en feroit
de quelle sorte j'en devrois traiter
par après ; car elles m'ont toujours

semblé être d'une telle importance
que je jugeois qu'il étoit à propos
d'en parler plus d'une fois; et le chemin que je tiens pour les expliquer est
si peu battu, et si éloigné de la route
ordinaire, que je n'ai pas cru qu'il
fût utile de le montrer en françois,
et dans un discours qui pût être lu
de tout le monde, de peur que les
foibles esprits ne crussent qu'il leur
fût permis de tenter cette voie.

Or, ayant prié dans ce *Discours
de la Méthode* tous ceux qui auroient trouvé dans mes écrits quelque
chose digne de censure de me faire
la faveur de m'en avertir, on ne m'a
rien objecté de remarquable que
deux choses sur ce que j'avois dit
touchant ces deux questions, aux-

quelles je veux répondre ici en peu de mots avant que d'entreprendre leur explication plus exacte.

La première est qu'il ne s'ensuit pas de ce que l'esprit humain, faisant réflexion sur soi-même, ne se connoît être autre chose qu'une chose qui pense, que sa nature ou son essence ne soit seulement que de penser; en telle sorte que ce mot *seulement* exclue toutes les autres choses qu'on pourroit peut-être aussi dire appartenir à la nature de l'âme.

A laquelle objection je réponds que ce n'a point aussi été en ce lieu-là mon intention de les exclure selon l'ordre de la vérité de la chose (de laquelle je ne traitois pas alors), mais seulement selon l'ordre de ma pensée;

si bien que mon sens étoit que je ne
connoissois rien que je susse appartenir à mon essence, sinon que j'étois
une chose qui pense, ou une chose
qui a en soi la faculté de penser. Or
je ferai voir ci-après comment, de
ce que je ne connois rien autre chose
qui appartienne à mon essence, il
s'ensuit qu'il n'y a aussi rien autre
chose qui en effet lui appartienne.

La seconde est qu'il ne s'ensuit
pas, de ce que j'ai en moi l'idée d'une
chose plus parfaite que je ne suis,
que cette idée soit plus parfaite que
moi, et beaucoup moins que ce qui
est représenté par cette idée existe.

Mais je réponds que dans ce mot
d'idée il y a ici de l'équivoque: car,
ou il peut être pris matériellement

pour une opération de mon entendement, et en ce sens on ne peut pas
dire qu'elle soit plus parfaite que
moi; ou il peut être pris objectivement pour la chose qui est représentée par cette opération, laquelle,
quoiqu'on ne suppose point qu'elle
existe hors de mon entendement,
peut néanmoins être plus parfaite
que moi, à raison de son essence. Or
dans la suite de ce traité je ferai voir
plus amplement comment de cela
seulement que j'ai en moi l'idée
d'une chose plus parfaite que moi, il
s'ensuit que cette chose existe véritablement.

De plus, j'ai vu aussi deux autres
écrits assez amples sur cette matière,
mais qui ne combattoient pas tant

mes raisons que mes conclusions, et
ce par des arguments tirés des lieux
communs des athées. Mais, parce que
ces sortes d'arguments ne peuvent
faire aucune impression dans l'esprit
de ceux qui entendront bien mes raisons, et que les jugements de plusieurs sont si foibles et si peu raison-
nables qu'ils se laissent bien plus
souvent persuader par les premières
opinions qu'ils auront eues d'une
chose, pour fausses et éloignées de la
raison qu'elles puissent être, que
par une solide et véritable, mais
postérieurement entendue, réfutation
de leurs opinions, je ne veux point
ici y répondre, de peur d'être premièrement obligé de les rapporter.

Je dirai seulement en général que

out ce que disent les athées, pour
combattre l'existence de Dieu, dépend
toujours, ou de ce que l'on feint
dans Dieu des affections humaines,
ou de ce qu'on attribue à nos esprits
tant de force et de sagesse, que nous
avons bien la présomption de vouloir déterminer et comprendre ce
que Dieu peut et doit faire; de sorte
que tout ce qu'ils disent ne nous don-
nera aucune difficulté: pourvu seulement que nous nous ressouvenions
que nous devons considérer nos esprits comme des choses finies et li-
mitées, et Dieu comme un être infini
et incompréhensible.

Maintenant, après avoir suffisamment reconnu les sentiments des hommes, j'entreprends derechef de traiter

de Dieu et de l'âme humaine, et ensemble de jeter les fondements de la philosophie première, mais sans en attendre aucune louange du vulgaire, ni espérer que mon livre soit vu de plusieurs. Au contraire, je ne conseillerai jamais à personne de le lire, sinon à ceux qui voudront avec moi méditer sérieusement, et qui pourront détacher leur esprit du commerce des sens, et le délivrer entièrement de toutes sortes de préjugés, lesquels je ne sais que trop être en fort petit nombre. Mais pour ceux qui, sans se soucier beaucoup de l'ordre et de la liaison de mes raisons, s'amuseront à épiloguer sur chacune des parties, comme font plusieurs, ceux-là, dis-je, ne feront

pas grand profit de la lecture de ce
traité; et bien que peut-être ils trouvent occasion de pointiller en plusieurs lieux , à grand'peine pour-
ront-ils objecter rien de pressant ou
qui soit digne de réponse.

Et, d'autant que je ne promets
pas aux autres de les satisfaire de
prime abord, et que je ne présume
pas tant de moi que de croire pouvoir prévoir tout ce qui pourra faire
de la difficulté à un chacun, j'exposerai
premièrement dans ces Méditations
les mêmes pensées par lesquelles je
me persuade être parvenu à une
certaine et évidente connoissance de
la vérité , afin de voir si, par les
mêmes raisons qui m'ont persuadé,
je pourrai aussi en persuader d'au-

3

d'autres; et, après cela, je répondrai
aux objections qui m'ont été faites
par des personnes d'esprit et de doc-
trine , à qui j'avois envoyé mes Méditations pour être examinées avant
que de les mettre sous la presse ; car
ils m'en ont fait un si grand nombre
et de si différentes , que j'ose bien
me promettre qu'il sera difficile à un
autre d'en proposer aucunes qui
soient de conséquence qui n'aient
point été touchées.

ABRÉGÉ

DES

SIX MÉDITATIONS SUIVANTES.

Dans la première, je mets en avant les raisons pour lesquelles nous pouvons douter généralement de toutes choses, et particulièrement de choses matérielles, au moins tant que
nous n'aurons point d'autres fondements dans
les sciences que ceux que nous avons eus jusqu'à
présent. Or, bien que l'utilité d'un doute si
général ne paroisse pas d'abord, elle est toutefois en cela très grande, qu'il nous délivre de
toutes sortes de préjugés, et nous prépare un
chemin très facile pour accoutumer notre esprit à se détacher des sens ; et enfin en ce qu'il

fait qu'il n'est pas possible que nous puissions jamais plus douter des choses que nous découvrirons par après être véritables.

⁕⁕⁕⁕⁕⁕⁕

Dans la seconde, l'esprit, qui, usant de sa propre liberté, suppose que toutes les choses ne sont point, de l'existence desquelles il a le moindre doute, reconnoît qu'il est absolument impossible que cependant il n'existe pas lui-même. Ce qui est aussi d'une très grande utilité, d'autant que par ce moyen il fait aisément distinction des choses qui lui appartiennent, c'est-à-dire à la nature intellectuelle, et de celles qui appartiennent au corps.

Mais, parce qu'il peut arriver que quelques-uns attendront de moi en ce lieu-là des raisons pour prouver l'immortalité de l'âme, j'estime les devoir ici avertir qu'ayant tâché de ne rien écrire dans tout ce traité dont je n'eusse des démonstrations très exactes, je me suis vu obligé de suivre un ordre semblable à celui dont se servent les géomètres, qui est d'avancer premièrement toutes les choses desquelles dépend la proposition que l'on cherche, avant que d'en rien conclure.

Or la première et principale chose qui est requise pour bien connoître l'immortalité de l'âme, est d'en former une conception claire et nette, et entièrement distincte de toutes les conceptions que l'on peut avoir du corps; ce qui a été fait en ce lieu-là. Il est requis, outre cela, de savoir que toutes les choses que nous concevons clairement et distinctement sont vraies, de la façon que nous les concevons; ce qui n'a pu être prouvé avant la quatrième Méditation. De plus, il faut avoir une conception distincte de la nature corporelle, laquelle se forme partie dans cette seconde, et partie dans la cinquième et la sixième Méditation. Et enfin, l'on doit conclure de tout cela

que les choses que l'on conçoit clairement et
distinctement être des substances diverses, ainsi
que l'on conçoit l'esprit et le corps, sont en
effet des substances réellement distinctes les
unes des autres, c'est ce que l'on conclut dans la
sixième Méditation ; ce qui se confirme encore,
dans cette même Méditation, de ce que nous
ne concevons aucun corps que comme divisible, au lieu que l'esprit ou l'âme de l'homme
ne se peut concevoir que comme indivisible ;
car, en effet, nous ne saurions concevoir la
moitié d'aucune âme, comme nous pouvons
faire du plus petit de tous les corps ; en sorte
que l'on reconnoît que leurs natures ne sont
pas seulement diverses, mais même en quelque façon contraires. Or je n'ai pas traité plus
avant de cette matière dans cet écrit, tant
parce que cela suffit pour montrer assez clairement que de la corruption du corps la mort
de l'âme ne s'ensuit pas, et ainsi pour donner aux hommes l'espérance d'une seconde vie

après la mort ; comme aussi parce que les pré-
misses desquelles on peut conclure l'immortalité de l'âme dépendent de l'explication de
toute la physique : premièrement, pour savoir
que généralement toutes les substances, c'est-
à-dire toutes les choses qui ne peuvent exister
sans être créées de Dieu, sont de leur nature
incorruptibles, et qu'elles ne peuvent jamais
cesser d'être, si Dieu même en leur déniant son
concours ne les réduit au néant ; et ensuite
pour remarquer que le corps pris en général
est une substance, c'est pourquoi aussi il ne
périt point ; mais que le corps humain, en tant
qu'il diffère des autres corps, n'est composé
que d'une certaine configuration de membres
et d'autres semblables accidents, là où l'âme
humaine n'est point ainsi composée d'aucuns
accidents, mais est une pure substance. Car,
encore que tous ses accidents se changent, par
exemple encore qu'elle conçoive de certaines
choses, qu'elle en veuille d'autres, et qu'elle

en sente d'autres, etc., l'âme pourtant ne devient point autre; au lieu que le corps humain devient une autre chose, de cela seul que la figure de quelques-unes de ses parties se trouve changée; d'où il s'ensuit que le corps humain peut bien facilement périr, mais que l'esprit ou l'âme de l'homme (ce que je ne distingue point) est immortelle de sa nature.

Dans la troisième Méditation, j'ai, ce me semble, expliqué assez au long le principal argument dont je me sers pour prouver l'existence de Dieu. Mais néanmoins, parce que je n'ai point voulu me servir en ce lieu-là d'aucunes comparaisons tirées des choses corporelles, afin d'éloigner autant que je pourrois les esprits des lecteurs de l'usage et du commerce des sens, peut-être y est-il resté beaucoup d'obscurités (lesquelles, comme j'espère, seront entièrement éclaircies dans les réponses que j'ai faites aux objections qui m'ont depuis

été proposées) , comme entre autres celle-ci :
Comment l'idée d'un être souverainement parfait , laquelle se trouve en nous , coutient tant
de réalité objective, c'est-à-dire participe par
représentation à tant de degrés d'être et de
perfection , qu'elle doit venir d'une cause souverainement parfaite : ce que j'ai éclairci dans
ces réponses par la comparaison d'une machine
fort ingénieuse et artificielle , dont l'idée se
rencontre dans l'esprit de quelque ouvrier ;
car, comme l'artifice objectif de cette idée doit
avoir quelque cause , savoir est ou la science
de cet ouvrier , ou celle de quelque autre de
qui il ait reçu cette idée , de même il est impossible que l'idée de Dieu qui est en nous
n'ait pas Dieu même pour sa cause.

Dans la quatrième, il est prouvé que toutes
les choses que nous concevons fort clairement
et fort distinctement sont toutes vraies ; et ensemble est expliqué en quoi consiste la nature

de l'erreur ou fausseté ; ce qui doit nécessairement être su , tant pour confirmer les vérités
précédentes que pour mieux entendre celles
qui suivent. Mais cependant il est à remarquer
que je ne traite nullement en ce lieu-là du péché , c'est-à-dire de l'erreur qui se commet dans
la poursuite du bien et du mal , mais seulement de celle qui arrive dans le jugement et
le discernement du vrai et du faux ; et que je
n'entends point y parler des choses qui appartiennent à la foi ou à la conduite de la vie ,
mais seulement de celles qui regardent les vérités spéculatives , et qui peuvent être connues
par l'aide de la seule lumière naturelle.

Dans la cinquième Méditation , outre que la
nature corporelle prise en général y est expli-
quée , l'existence de Dieu y est encore démontrée par une nouvelle raison , dans laquelle
néanmoins peut-être s'y rencontrera-t-il aussi

quelques difficultés, mais on en verra la so-
lution dans les réponses aux objections qui
m'ont été faites ; et de plus je fais voir de quelle
façon il est véritable que la certitude même des
démonstrations géométriques dépend de la
connoissance de Dieu.

•••••••••

Enfin, dans la sixième, je distingue l'action de l'entendement d'avec celle de l'imagination ; les marques de cette distinction y sont
décrites ; j'y montre que l'âme de l'homme est
réellement distincte du corps, et toutefois
qu'elle lui est si étroitement conjointe et unie,
qu'elle ne compose que comme une même
chose avec lui. Toutes les erreurs qui procèdent
des sens y sont exposées, avec les moyens de
les éviter ; et enfin j'y apporte toutes les raisons desquelles on peut conclure l'existence
des choses matérielles : non que je les juge fort
utiles pour prouver ce qu'elles prouvent, à sa-

voir, qu'il y a un monde , que les hommes ont
des corps , et autres choses semblables , qui
n'ont jamais été mises en doute par aucun
homme de bon sens ; mais parce qu'en les considérant de près , l'on vient à connoître qu'elles
ne sont pas si fermes ni si évidentes que celles
qui nous conduisent à la connoissance de Dieu
et de notre âme ; en sorte que celles-ci sont les
plus certaines et les plus évidentes qui puissent
tomber en la connoissance de l'esprit humain ,
et c'est tout ce que j'ai eu dessein de prouver
dans ces six Méditations ; ce qui fait que j'o-
mets ici beaucoup d'autres questions , dont j'ai
aussi parlé par occasion dans ce traité.

MÉDITATIONS

TOUCHANT

LA PHILOSOPHIE PREMIÈRE,

DANS LESQUELLES ON PROUVE CLAIREMENT

L'EXISTENCE DE DIEU

ET

LA DISTINCTION RÉELLE ENTRE L'AME ET
LE CORPS DE L'HOMME.

PREMIÈRE MÉDITATION.

DES CHOSES QUE L'ON PEUT RÉVOQUER EN
· DOUTE.

Ce n'est pas d'aujourd'hui que je me
suis aperçu que, dès mes premières années, j'ai reçu quantité de fausses opinions pour véritables, et que ce que j'ai
depuis fondé sur des principes si mal as-
surés ne sauroit être que fort douteux et

4

incertain; et dès lors j'ai bien jugé qu'il me
falloit entreprendre sérieusement une fois
en ma vie de me défaire de toutes les opinions que j'avois reçues auparavant en ma
créance, et commencer tout de nouveau
dès les fondements, si je voulois établir
quelque chose de ferme et de constant dans
les sciences. Mais cette entreprise me semblant être fort grande, j'ai attendu que
j'eusse atteint un âge qui fût si mûr que
je n'en pusse espérer d'autre après lui auquel je fusse plus propre à l'exécuter ; ce
qui m'a fait différer si long-temps, que désormais je croirois commettre une faute si
j'employois encore à délibérer le temps qui
me reste pour agir. Aujourd'hui donc que,
fort à propos pour ce dessein, j'ai délivré
mon esprit de toutes sortes de soins, que
par bonheur je ne me sens agité d'aucunes passions, et que je me suis procuré un
repos assuré dans une paisible solitude, je
m'appliquerai sérieusement et avec liberté

à détruire généralement toutes mes anciennes opinions. Or, pour cet effet, il ne sera pas nécessaire que je montre qu'elles sont toutes fausses, de quoi peut-être je ne viendrois jamais à bout. Mais, d'autant que la raison me persuade déjà que je ne dois pas moins soigneusement m'empêcher de donner créance aux choses qui ne sont pas entièrement certaines et indubitables, qu'à celles qui me paroissent manifestement être fausses, ce me sera assez pour les rejeter toutes, si je puis trouver en chacune quelque raison de douter. Et pour cela il ne sera pas aussi besoin que je les examine chacune en particulier, ce qui seroit d'un travail infini ; mais, parce que la ruine des fondements entraîne nécessairement avec soi tout le reste de l'édifice, je m'attaquerai d'abord aux principes sur lesquels toutes mes anciennes opinions étoient appuyées.

Tout ce que j'ai reçu jusqu'à présent

pour le plus vrai et assuré, je l'ai appris
des sens ou par les sens : or, j'ai quelquefois éprouvé que ces sens étoient trom-
peurs ; et il est de la prudence de ne se
fier jamais entièrement à ceux qui nous
ont une fois trompés.

Mais peut-être qu'encore que les sens
nous trompent quelquefois touchant des
choses fort peu sensibles et fort éloignées, il
s'en rencontre néanmoins beaucoup d'autres
desquelles on ne peut pas raisonnablement
douter, quoique nous les connoissions par
leur moyen : par exemple, que je suis ici,
assis auprès du feu, vêtu d'une robe de
chambre, ayant ce papier entre les mains,
et autres choses de cette nature. Et comment est-ce que je pourrois nier que ces
mains et ce corps soient à moi ? si ce n'est
peut-être que je me compare à certains insensés, de qui le cerveau est tellement trou-
blé et offusqué par les noires vapeurs de
la bile, qu'ils assurent constamment qu'ils

sont des rois, lorsqu'ils sont très pauvres ;
qu'ils sont vêtus d'or et de pourpre, lorsqu'ils sont tout nus; ou qui s'imaginent
être des cruches ou avoir un corps de verre.
Mais quoi ! ce sont des fous, et je ne serois
pas moins extravagant si je me réglois sur
leurs exemples.

Toutefois j'ai ici à considérer que je
suis homme, et par conséquent que j'ai
coutume de dormir, et de me représenter
en mes songes les mêmes choses, ou quelquefois de moins vraisemblables, que ces
insensés lorsqu'ils veillent. Combien de
fois m'est-il arrivé de songer la nuit que
j'étois en ce lieu, que j'étois habillé, que
j'étois auprès du feu, quoique je fusse tout
nu dedans mon lit ! Il me semble bien à
présent que ce n'est point avec des yeux
endormis que je regarde ce papier; que
cette tête que je branle n'est point assoupie;
que c'est avec dessein et de propos délibéré que j'étends cette main, et que je la

sens : ce qui arrive dans le sommeil ne
semble point si clair ni si distinct que
tout ceci. Mais, en y pensant soigneusement, je me ressouviens d'avoir souvent été
trompé en dormant par de semblables illusions ; et, en m'arrêtant sur cette pensée,
je vois si manifestement qu'il n'y a point
d'indices certains par où l'on puisse distinguer nettement la veille d'avec le sommeil, que j'en suis tout étonné ; et mon
étonnement est tel qu'il est presque capable
de me persuader que je dors.

Supposons donc maintenant que nous
sommes endormis, et que toutes ces particularités, à savoir que nous ouvrons les
yeux, que nous branlons la tête, que nous
étendons les mains, et choses semblables,
ne sont que de fausses illusions ; et pensons
que peut-être nos mains ni tout notre corps
ne sont pas tels que nous les voyons. Toutefois il faut au moins avouer que les
choses qui nous sont représentées dans le

sommeil sont comme des tableaux et des
peintures, qui ne peuvent être formées
qu'à la ressemblance de quelque chose de
réel et de véritable; et qu'ainsi, pour le
moins, ces choses générales, à savoir des
yeux, une tête, des mains, et tout un corps,
ne sont pas choses imaginaires, mais
réelles et existantes. Car de vrai les pein-
tres, lors même qu'ils s'étudient avec le plus
d'artifice à représenter des sirènes et des
satyres par des figures bizarres et extraor-
dinaires, ne peuvent toutefois leur donner
des formes et des natures entièrement
nouvelles, mais font seulement un certain
mélange et composition des membres de
divers animaux; ou bien si peut-être leur
imagination est assez extravagante pour
inventer quelque chose de si nouveau que
jamais on n'ait rien vu de semblable, et
qu'ainsi leur ouvrage représente une chose
purement feinte et absolument fausse,
certes à tout le moins les couleurs dont ils

les composent doivent-elles être véritables.

Et par la même raison, encore que ces choses générales, à savoir un corps, des yeux, une tête, des mains, et autres semblables, pussent être imaginaires, toutefois il faut nécessairement avouer qu'il y en a au moins quelques autres encore plus simples et plus universelles qui sont vraies et existantes ; du mélange desquelles, ni plus ni moins que de celui de quelques véritables couleurs, toutes ces images des choses qui résident en notre pensée, soit vraies et réelles, soit feintes et fantastiques, sont formées.

De ce genre de choses est la nature corporelle en général et son étendue ; ensemble la figure des choses étendues, leur quantité ou grandeur, et leur nombre ; comme aussi le lieu où elles sont, le temps qui mesure leur durée, et autres semblables. C'est pourquoi peut-être que de là

nous ne conclurons pas mal, si nous disons que la physique, l'astronomie, la
médecine, et toutes les autres sciences qui
dépendent de la considération des choses
composées, sont fort douteuses et incertaines, mais que l'arithmétique, la géométrie, et les autres sciences de cette nature, qui ne traitent que de choses fort
simples et fort générales, sans se mettre
beaucoup en peine si elles sont dans la
nature ou si elles n'y sont pas, contiennent
quelque chose de certain et d'indubitable :
car, soit que je veille ou que je dorme,
deux et trois joints ensemble formeront
toujours le nombre de cinq, et le carré
n'aura jamais plus de quatre côtés : et il
ne semble pas possible que des vérités
si claires et si apparentes puissent être
soupçonnées d'aucune fausseté ou d'incertitude.

Toutefois, il y a long-temps que j'ai
dans mon esprit une certaine opinion qu'il

y a un Dieu qui peut tout , et par qui j'ai
été fait et créé tel que je suis. Or , que sais-
je s'il n'a point fait qu'il n'y ait aucune
terre, aucun ciel , aucun corps étendu, aucune figure, aucune grandeur,aucun lieu, et
que néanmoins j'aie les sentiments de toutes ces choses, et que tout cela ne me semble point exister autrement que je le vois?
Et même, comme je juge quelquefois que
les autres se trompent dans les choses
qu'ils pensent le mieux savoir, que sais-
je s'il n'a point fait que je me trompe aussi
toutes les fois que je fais l'addition de deux
et de trois , ou que je nombre les côtés
d'un carré, ou que je juge de quelque chose
encore plus facile , si l'on se peut imaginer
rien de plus facile que cela ? Mais peut-être
que Dieu n'a pas voulu que je fusse déçu
de la sorte , car il est dit souverainement
bon. Toutefois , si cela répugnoit à sa bonté de m'avoir fait tel que je me trompasse
toujours, cela sembleroit aussi lui être

contraire de permettre que je me trompe
quelquefois, et néanmoins je ne puis douter qu'il ne le permette. Il y aura peut-
être ici des personnes qui aimeroient mieux
nier l'existence d'un Dieu si puissant, que
de croire que toutes les autres choses sont
incertaines. Mais ne leur résistons pas pour
le présent, et supposons en leur faveur
que tout ce qui est dit ici d'un Dieu soit
une fable : toutefois, de quelque façon
qu'ils supposent que je sois parvenu à
l'état et à l'être que je possède, soit qu'ils
l'attribuent à quelque destin ou fatalité,
soit qu'ils le réfèrent au hasard, soit qu'ils
veuillent que ce soit par une continuelle
suite et liaison des choses, ou enfin par
quelque autre manière ; puisque faillir et
se tromper est une imperfection, d'autant
moins puissant sera l'auteur qu'ils assigne-
ront à mon origine, d'autant plus sera-
t-il probable que je suis tellement impar-
fait que je me trompe toujours. Auxquelles

raisons je n'ai certes rien à répondre ; mais enfin je suis contraint d'avouer qu'il n'y a rien de tout ce que je croyois autrefois être véritable dont je ne puisse en quelque façon douter ; et cela non point par inconsidération ou légèreté, mais pour des raisons très fortes et mûrement considérées : de sorte que désormais je ne dois pas moins soigneusement m'empêcher d'y donner créance qu'à ce qui seroit manifestement faux, si je veux trouver quelque chose de certain et d'assuré dans les sciences.

Mais il ne suffit pas d'avoir fait ces remarques, il faut encore que je prenne soin de m'en souvenir ; car ces anciennes et ordinaires opinions me reviennent encore souvent en la pensée, le long et familier usage qu'elles ont eu avec moi leur donnant droit d'occuper mon esprit contre mon gré, et de se rendre presque maîtresses de ma créance ; et je ne me désaccoutumerai jamais de leur déférer, et de prendre

confiance en elles tant que je les considérerai telles qu'elles sont en effet, c'est-à-
dire en quelque façon douteuses, comme
je viens de montrer, et toutefois fort probables, en sorte que l'on a beaucoup plus
de raison de les croire que de les nier.
C'est pourquoi je pense que je ne ferai pas
mal si, prenant de propos délibéré un sentiment contraire, je me trompe moi-même,
et si je feins pour quelque temps que toutes
ces opinions sont entièrement fausses et
imaginaires ; jusqu'à ce qu'enfin, ayant
tellement balancé mes anciens et mes nou-
veaux préjugés qu'ils ne puissent faire
pencher mon avis plus d'un côté que d'un
autre, mon jugement ne soit plus désormais maîtrisé par de mauvais usages, et
détourné du droit chemin qui le peut conduire à la connoissance de la vérité. Car
je suis assuré qu'il ne peut y avoir de
péril ni d'erreur en cette voie, et que je
ne saurois aujourd'hui trop accorder à ma

défiance, puisqu'il n'est pas maintenant question d'agir, mais seulement de méditer et de connoître.

Je supposerai donc, non pas que Dieu, qui est très bon, et qui est la souveraine source de vérité, mais qu'un certain mauvais génie, non moins rusé et trompeur que puissant, a employé toute son industrie à me tromper; je penserai que le ciel, l'air, la terre, les couleurs, les figures, les sons, et toutes les autres choses extérieures, ne sont rien que des illusions et rêveries dont il s'est servi pour tendre des piéges à ma crédulité; je me considérerai moi-même comme n'ayant point de mains, point d'yeux, point de chair, point de sang; comme n'ayant aucun sens, mais croyant faussement avoir toutes ces choses; je demeurerai obstinément attaché à cette pensée; et si, par ce moyen, il n'est pas en mon pouvoir de parvenir à la connoissance d'aucune vérité, à tout le moins il est en

ma puissance de suspendre mon jugement :
c'est pourquoi je prendrai garde soigneusement de ne recevoir en ma croyance
aucune fausseté, et préparerai si bien mon
esprit à toutes les ruses de ce grand trompeur, que, pour puissant et rusé qu'il soit,
il ne me pourra jamais rien imposer.

Mais ce dessein est pénible et laborieux,
et une certaine paresse m'entraîne insensiblement dans le train de ma vie ordinaire ; et tout de même qu'un esclave qui jouis-
soit dans le sommeil d'une liberté imagi-
naire, lorsqu'il commence à soupçonner
que sa liberté n'est qu'un songe, craint de
se réveiller, et conspire avec ces illusions
agréables pour en être plus long-temps
abusé, ainsi je retombe insensiblement de
moi-même dans mes anciennes opinions,
et j'appréhende de me réveiller de cet as-
soupissement, de peur que les veilles la-
borieuses qui auroient à succéder à la tran-
quillité de ce repos, au lieu de m'apporter

quelque jour et quelque lumière dans la
connoissance de la vérité, ne fussent pas
suffisantes pour éclaircir toutes les ténèbres des difficultés qui viennent d'être
agitées.

~~~~~~

MÉDITATION SECONDE.

DE LA NATURE DE L'ESPRIT HUMAIN ; ET QU'IL EST PLUS AISÉ A CONNOÎTRE QUE LE CORPS.

La méditation que je fis hier m'a rempli l'esprit de tant de doutes, qu'il n'est plus désormais en ma puissance de les oublier. Et cependant je ne vois pas de quelle façon je les pourrai résoudre : et comme si tout-à-coup j'étois tombé dans une eau très profonde, je suis tellement surpris que je ne puis ni assurer mes pieds dans le fond, ni nager pour me soutenir au-dessus. Je m'efforcerai néanmoins et suivrai derechef la même voie où j'étois entré hier, en m'éloignant de tout ce en quoi je pourrai imaginer

le moindre doute, tout de même que si je
connoissois que cela fût absolument faux; et
je continuerai toujours dans ce chemin, jusqu'à ce que j'aie rencontré quelque chose
de certain, ou du moins, si je ne puis autre chose, jusqu'à ce que j'aie appris certainement qu'il n'y a rien au monde de
certain. Archimède, pour tirer le globe
terrestre de sa place et le transporter en
un autre lieu, ne demandoit rien qu'un
point qui fût ferme et immobile : ainsi
j'aurai droit de concevoir de hautes espé-
rances, si je suis assez heureux pour trouver seulement une chose qui soit certaine
et indubitable.

Je suppose donc que toutes les choses
que je vois sont fausses ; je me persuade que
rien n'a jamais été de tout ce que ma mémoire remplie de mensonges me représente ;
je pense n'avoir aucuns sens ; je crois que
le corps, la figure, l'étendue, le mouvement et le lieu ne sont que des fictions de

mon esprit. Qu'est-ce donc qui pourra être estimé véritable? Peut-être rien autre chose, sinon qu'il n'y a rien au monde de certain.

Mais que sais-je s'il n'y a point quelque autre chose différente de celles que je viens de juger incertaines, de laquelle on ne puisse avoir le moindre doute? N'y a-t-il point quelque Dieu, ou quelque autre puissance, qui me met en esprit ces pensées? Cela n'est pas nécessaire; car peut-être que je suis capable de les produire de moi-même. Moi donc à tout le moins ne suis-je point quelque chose? Mais j'ai déjà nié que j'eusse aucuns sens ni aucun corps: j'hésite néanmoins, car que s'ensuit-il de là? Suis-je tellement dépendant du corps et des sens que je ne puisse être sans eux? Mais je me suis persuadé qu'il n'y avoit rien du tout dans le monde, qu'il n'y avoit aucun ciel, aucune terre, aucuns esprits, ni aucuns corps: ne me suis-je donc

pas aussi persuadé que je n'étois point ?
Tant s'en faut ; j'étois sans doute , si je me
suis persuadé ou seulement si j'ai pensé
quelque chose. Mais il y a un je ne sais quel
trompeur très puissant et très rusé, qui emploie toute son industrie à me tromper
toujours. Il n'y a donc point de doute que
je suis , s'il me trompe ; et qu'il me trompe
tant qu'il voudra , il ne saura jamais faire
que je ne sois rien , tant que je penserai
être quelque chose. De sorte qu'après y
avoir bien pensé , et avoir soigneusement
examiné toutes choses, enfin il faut conclure et tenir pour constant que cette proposition , je suis, j'existe , est nécessairement vraie , toutes les fois que je la pro-
nonce ou que je la conçois en mon esprit.

Mais je ne connois pas encore assez
clairement quel je suis ; moi qui suis certain que je suis ; de sorte que désormais il
faut que je prenne soigneusement garde
de ne prendre pas imprudemment quelque

autre chose pour moi, et ainsi de ne me point méprendre dans cette connoissance, que je soutiens être plus certaine et plus évidente que toutes celles que j'ai eues auparavant. C'est pourquoi je considérerai maintenant tout de nouveau ce que je croyois être avant que j'entrasse dans ces dernières pensées ; et de mes anciennes opinions je retrancherai tout ce qui peut être tant soit peu combattu par les raisons que j'ai tantôt alléguées , en sorte qu'il ne demeure précisément que cela seul qui est entièrement certain et indubitable. Qu'est-ce donc que j'ai cru être ci-devant ? Sans difficulté, j'ai pensé que j'étois un homme. Mais qu'est-ce qu'un homme ? Dirai-je que c'est un animal raisonnable? Non certes; car il me faudroit par après rechercher ce que c'est qu'animal , et ce que c'est que raisonnable; et ainsi d'une seule question je tomberois insensiblement en une infinité d'autres plus difficiles et plus embarrassées ;

et je ne voudrois pas abuser du peu de
temps et de loisir qui me reste , en l'em-
ployant à démêler de semblables difficultés.
Mais je m'arrêterai plutôt à considérer ici
les pensées qui naissoient ci-devant d'elles-
mêmes en mon esprit, et qui ne m'étoient
inspirées que de ma seule nature , lorsque
je m'appliquois à la considération de mon
être. Je me considérois premièrement comme ayant un visage , des mains, des bras ,
et toute cette machine composée d'os et de
chair, telle qu'elle paroît en un cadavre, laquelle je désignois par le nòm de corps. Je
considérois, outre cela, que je me nourris-
sois, que je marchois, que je sentois et que je
pensois , et je rapportois toutes ces actions
à l'âme ; mais je ne m'arrêtois point à penser ce que c'étoit que cette âme , ou bien ,
si je m'y arrêtois, je m'imaginois qu'elle
étoit quelque chose d'extrêmement rare et
subtil, comme un vent, une flamme ou un
air très délié , qui étoit insinué et répandu

dans mes plus grossières parties. Pour ce
qui étoit du corps, je ne doutois nullement
de sa nature; mais je pensois la connoître
fort distinctement : et si je l'eusse voulu
expliquer suivant les notions que j'en avois
alors, je l'eusse décrite en cette sorte : Par
le corps, j'entends tout ce qui peut être
terminé par quelque figure; qui peut être
compris en quelque lieu, et remplir un espace en telle sorte que tout autre corps en
soit exclu; qui peut être senti, ou par
l'attouchement, ou par la vue, ou par
l'ouïe, ou par le goût, ou par l'odorat ;
qui peut être mû en plusieurs façons, non
pas à la vérité par lui-même , mais par
quelque chose d'étranger duquel il soit touché et dont il reçoive l'impression : car d'a-
voir la puissance de se mouvoir de soi-même, comme aussi de sentir ou de penser, je
ne croyois nullement que cela appartînt à
la nature du corps; au contraire, je m'é-
tonnois plutôt de voir que de semblables

facultés se rencontroient en quelques-uns.

Mais moi, qui suis-je, maintenant que je suppose qu'il y a un certain génie qui est extrêmement puissant, et, si j'ose le dire, malicieux et rusé, qui emploie toutes ses forces et toute son industrie à me tromper ! Puis-je assurer que j'aie la moindre chose de toutes celles que j'ai dites naguère appartenir à la nature du corps ? Je m'arrête à penser avec attention, je passe et repasse toutes ces choses en mon esprit, et je n'en rencontre aucune que je puisse dire être en moi. Il n'est pas besoin que je m'arrête à les dénombrer. Passons donc aux attributs de l'âme, et voyons s'il y en a quelqu'un qui soit en moi. Les premiers sont de me nourrir et de marcher ; mais s'il est vrai que je n'ai point de corps, il est vrai aussi que je ne puis marcher ni me nourrir. Un autre est de sentir : mais on ne peut aussi sentir sans le corps, outre que j'ai pensé sentir autrefois plusieurs choses pendant le sommeil , que j'ai reconnu à mon réveil n'avoir point en effet senties. Un autre est de penser, et je trouve ici que la pensée est un attribut qui m'appartient : elle seule ne peut être détachée de moi. Je suis , j'existe, cela est certain ; mais combien de temps? autant de temps que je pense ; car peut-être même qu'il se pourroit faire , si je cessois totalement de penser, que je cesserois en même temps tout-à-fait d'être. /Je n'admets maintenant rien qui ne soit nécessairement vrai: je ne suis donc, précisément parlant, qu'une chose qui pense, c'est-à-dire un esprit, un entendement ou une raison , qui sont des termes dont la signification m'étoit auparavant inconnue. Or, je suis une chose vraie et vraiment existante : mais quelle chose? Je l'ai dit : une chose qui pense. Et quoi davantage ? J'exciterai mon imagination pour voir si je ne suis point encore quelque chose de plus. Je ne

6

suis point cet assemblage de membres que l'on appelle le corps humain ; je ne suis point un air délié et pénétrant répandu dans tous ces membres ; je ne suis point un vent, un souffle, une vapeur, ni rien de tout ce que je puis feindre et m'imaginer, puisque j'ai supposé que tout cela n'étoit rien, et que, sans changer cette supposition, je trouve que je ne laisse pas d'être certain que je suis quelque chose.

Mais peut-être est-il vrai que ces mêmes choses-là que je suppose n'être point, parce qu'elles me sont inconnues, ne sont point en effet différentes de moi, que je connois. Je n'en sais rien ; je ne dispute pas maintenant de cela ; je ne puis donner mon jugement que des choses qui me sont connues : je connois que j'existe, et je cherche quel je suis, moi que je connois être. Or, il est très certain que la connoissance de mon être, ainsi précisément pris, ne dépend point des choses dont l'existence ne

n̄'est pas encore connue; par conséquent
elle ne dépend d'aucune de celles que je
puis feindre par mon imagination. Et même ces termes de feindre et d'imaginer m'a-
vertissent de mon erreur : car je feindrois
en effet si je m'imaginois être quelque chose,
puisque imaginer n'est rien autre chose que
contempler la figure ou l'image d'une
chose corporelle ; or , je sais déjà certainement que je suis, et que tout ensemble
il se peut faire que toutes ces images , et
généralement toutes les choses qui se rap-
portent à la nature du corps, ne soient que
des songes ou des chimères. Ensuite de quoi
je vois clairement que j'ai aussi peu de
raison en disant, j'exciterai mon imagination pour connoître plus distinctement quel
je suis, que si je disois, je suis maintenant
éveillé , et j'aperçois quelque chose de réel
et de véritable; mais, parce que je ne l'a-
perçois pas encore assez nettement , je
m'endormirai tout exprès, afin que mes

songes me représentent cela même avec plus de vérité et d'évidence. Et partant, je connois manifestement que rien de tout ce que je puis comprendre par le moyen de l'imagination n'appartient à cette connoissance que j'ai de moi-même, et qu'il est besoin de rappeler et détourner son esprit de cette façon de concevoir, afin qu'il puisse lui-même connoître bien distinctement sa nature.

Mais qu'est-ce donc que je suis? une chose qui pense. Qu'est-ce qu'une chose qui pense? c'est une chose qui doute, qui entend, qui conçoit, qui affirme, qui nie, qui veut, qui ne veut pas, qui imagine aussi, et qui sent. Certes, ce n'est pas peu si toutes ces choses appartiennent à ma nature. Mais pourquoi n'y appartiendroient-elles pas? Ne suis-je pas celui-là même qui maintenant doute presque de tout, qui néanmoins entend et conçoit certaines choses, qui assure et affirme celles-là seules

être véritables, qui nie toutes les autres,
qui veut et desire d'en connoître davantage ; qui ne veut pas être trompé, qui
imagine beaucoup de choses, même quelquefois en dépit que j'en aie, et qui en
sent aussi beaucoup, comme par l'entremise des organes du corps. Y a-t-il rien de
tout cela qui ne soit aussi véritable qu'il est
certain que je suis et que j'existe, quand
même je dormirois toujours, et que celui
qui m'a donné l'être se serviroit de toute
son industrie pour m'abuser ? Y a-t-il aussi
aucun de ces attributs qui puisse être dis-
tingué de ma pensée, ou qu'on puisse dire
être séparé de moi-même ? Car il est de
soi si évident que c'est moi qui doute, qui
entends et qui désire, qu'il n'est pas ici
besoin de rien ajouter pour l'expliquer.
Et j'ai aussi certainement la puissance d'i-
maginer ; car, encore qu'il puisse arriver
(comme j'ai supposé auparavant) que les
choses que j'imagine ne soient pas vraies,

néanmoins cette puissance d'imaginer ne
laisse pas d'être réellement en moi, et fait
partie de ma pensée. Enfin, je suis le même qui sens, c'est-à-dire qui aperçois
certaines choses comme par les organes des
sens, puisqu'en effet je vois de la lumière,
j'entends du bruit, je sens de la chaleur.
Mais l'on me dira que ces apparences-là
sont fausses et que je dors. Qu'il soit ainsi;
toutefois, à tout le moins, il est très certain qu'il me semble que je vois de la lumière, que j'entends du bruit, et que je sens
de la chaleur; cela ne peut être faux; et
c'est proprement ce qui en moi s'appelle
sentir; et cela précisément n'est rien autre
chose que penser. D'où je commence à connoître quel je suis, avec un peu plus de
clarté et de distinction que ci-devant.

Mais néanmoins il me semble encore et
je ne puis m'empêcher de croire que les
choses corporelles, dont les images se forment par la pensée, qui tombent sous les

sens, et que les sens mêmes examinent, ne soient beaucoup plus distinctement connues que cette je ne sais quelle partie de moi-même qui ne tombe point sous l'imagination : quoiqu'en effet cela soit bien étrange de dire que je connoisse et comprenne plus distinctement des choses dont l'existence me paroît douteuse, qui me sont inconnues et qui ne m'appartiennent point, que celles de la vérité desquelles je suis persuadé, qui me sont connues et qui appartiennent à ma propre nature, en un mot que moi-même. Mais je vois bien ce que c'est; mon esprit est un vagabond qui se plaît à m'égarer, et qui ne sauroit encore souffrir qu'on le retienne dans les justes bornes de la vérité. Lâchons-lui donc encore une fois la bride, et, lui donnant toute sorte de liberté, permettons-lui de considérer les objets qui lui paroissent au dehors, afin que, venant ci-après à la retirer doucement et à propos, et à l'a

rêter sur la consideration de son être et
des choses qu'il trouve en lui, il se laisse
après cela plus facilement régler et conduire.

Considérons donc maintenant les choses
que l'on estime vulgairement être les plus
faciles de toutes à connoître, et que l'on
croit aussi être le plus distinctement connues, c'est à savoir les corps que nous tou-
chons et que nous voyons, non pas à la
vérité les corps en général, car ces notions
générales sont d'ordinaire un peu plus
confuses; mais considérons-en un en particulier. Prenons par exemple ce morceau
de cire : il vient tout fraîchement d'être tiré
de la ruche, il n'a pas encore perdu la
douceur du miel qu'il contenoit, il retient
encore quelque chose de l'odeur des fleurs
dont il a été recueilli; sa couleur, sa figure, sa grandeur, sont apparentes; il est
dur, il est froid, il est maniable, et si
vous frappez dessus il rendra quelque son.

Enfin toutes les choses qui peuvent distinctement faire connoître un corps se rencontrent en celui-ci. Mais voici que pendant que je parle on l'approche du feu : ce qui y restoit de saveur s'exhale, l'odeur s'évapore, sa couleur se change, sa figure se perd, sa grandeur augmente, il devient liquide, il s'échauffe, à peine le peut-on manier, et quoique l'on frappe dessus, il ne rendra plus aucun son. La même cire demeure-t-elle encore après ce changement ? Il faut avouer qu'elle demeure ; personne n'en doute, personne ne juge autrement. Qu'est-ce donc que l'on connoissoit en ce morceau de cire avec tant de distinction ? Certes ce ne peut être rien de tout ce que j'y ai remarqué par l'entremise des sens, puisque toutes les choses qui tomboient sous le goût, sous l'odorat, sous la vue, sous l'attouchement, et sous l'ouïe, se trouvent changées, et que cependant la même cire demeure. Peut-être

étoit-ce ce que je pense maintenant , à
savoir que cette cire n'étoit pas ni cette
douceur de miel, ni cette agréable odeur
de fleurs, ni cette blancheur, ni cette figure, ni ce son ; mais seulement un corps
qui un peu auparavant me paroissoit sen-
sible sous ces formes, et qui maintenant
se fait sentir sous d'autres. Mais qu'est-ce,
précisément parlant, que j'imagine lorsque
je la conçois en cette sorte ? Considérons-
le attentivement, et, retranchant toutes
les choses qui n'appartiennent point à la
cire, voyons ce qui reste. Certes il ne demeure rien que quelque chose d'étendu,
de flexible et de muable. Or qu'est-ce que
cela, flexible et muable ? N'est-ce pas que
j'imagine que cette cire étant ronde, est
capable de devenir carrée, et de passer du
carré en une figure triangulaire ? Non certes, ce n'est pas cela, puisque je la conçois
capable de recevoir une infinité de semblables changements, et je ne saurois néan-

moins parcourir cette infinité par mon imagination, et par conséquent cette conception que j'ai de la cire ne s'accomplit pas
par la faculté d'imaginer. Qu'est-ce maintenant que cette extension? N'est-elle
pas aussi inconnue? car elle devient plus
grande quand la cire se fond, plus grande
quand elle bout, et plus grande encore
quand la chaleur augmente; et je ne concevrois pas clairement et selon la vérité ce
que c'est que de la cire, si je ne pensois
que même ce morceau que nous considérons est capable de recevoir plus de variétés selon l'extension que je n'en ai jamais
imaginé. Il faut donc demeurer d'accord
que je ne saurois pas même comprendre par
l'imagination ce que c'est que ce morceau
de cire, et qu'il n'y a que mon entendement seul qui le comprenne. Je dis ce
morceau de cire en particulier; car pour
la cire en général, il est encore plus évident.
Mais quel est ce morceau de cire qui ne

peut être compris que par l'entendement
ou par l'esprit ? Certes c'est le même que
je vois, que je touche , que j'imagine, et
enfin c'est le même que j'ai toujours cru que
c'étoit au commencement. Or ce qui est ici
grandement à remarquer , c'est que sa
perception n'est point une vision , ni un
attouchement , ni une imagination, et ne
l'a jamais été , quoiqu'il le semblât ainsi
auparavant, mais seulement une inspection
de l'esprit , laquelle peut être imparfaite
et confuse , comme elle étoit auparavant ,
ou bien claire et distincte, comme elle est
à présent, selon que mon attention se porte
plus ou moins aux choses qui sont en elle,
et dont elle est composée.

Cependant je ne me saurois trop étonner quand je considère combien mon
esprit a de foiblesse et de pente qui le
porte insensiblement dans l'erreur. Car
encore que sans parler je considère tout
cela en moi-même, les paroles toutefois

m'arrêtent, et je suis presque déçu par les termes du langage ordinaire : car nous disons que nous voyons la même cire, si elle est présente, et non pas que nous jugeons que c'est la même, de ce qu'elle a même couleur et même figure : d'où je voudrois presque conclure que l'on connoît la cire par la vision des yeux, et non par la seule inspection de l'esprit, si par hasard je ne regardois d'une fenêtre des hommes qui passent dans la rue, à la vue desquels je ne manque pas de dire que je vois des hommes, tout de même que je dis que je vois de la cire ; et cependant que vois-je dé cette fenêtre, sinon des chapeaux et des manteaux, qui pourroient couvrir des machines artificielles qui ne se remueroient que par ressorts ? mais je juge que ce sont des hommes ; et ainsi je comprends par la seule puissance de juger qui réside en mon esprit ce que je croyois voir de mes yeux.

Un homme qui tâche d'élever sa connoissance au-delà du commun, doit avoir honte
de tirer des occasions de douter des formes
de parler que le vulgaire a inventées: j'aime
mieux passer outre, et considérer si je concevois avec plus d'évidence et de perfection
ce que c'étoit que de la cire, lorsque je l'ai
d'abord aperçue, et que j'ai cru la connoître par le moyen des sens extérieurs, ou
à tout le moins par le sens commun, ainsi
qu'ils appellent, c'est-à-dire par la faculté
imaginative, que je ne la conçois à présent,
après avoir plus soigneusement examiné ce
qu'elle est et de quelle façon elle peut être
connue. Certes il seroit ridicule de mettre
cela en doute. Car qu'y avoit-il dans cette
première perception qui fût distinct? qu'y
avoit-il qui ne semblât pouvoir tomber en
même sorte dans le sens du moindre des
animaux? Mais quand je distingue la cire
d'avec ses formes extérieures, et que, tout
de même que si je lui avois ôté ses vête-

ments, je la considère toute nue, il est certain que, bien qu'il se puisse encore rencontrer quelque erreur dans mon jugement, je ne la puis néanmoins concevoir de cette sorte sans un esprit humain.

Mais enfin que dirai-je de cet esprit, c'est-à-dire de moi-même ; car jusques ici je n'admets en moi rien autre chose que l'esprit ? Quoi donc! moi qui semble concevoir avec tant de netteté et de distinction ce morceau de cire, ne me connois-je pas moi-même, non-seulement avec bien plus de vérité et de certitude, mais encore avec beaucoup plus de distinction et de netteté ? car si je juge que la cire est ou existe de ce que je la vois, certes il suit bien plus évidemment que je suis ou que j'existe moi-même de ce que je la vois : car il se peut faire que ce que je vois ne soit pas en effet de la cire, il se peut faire aussi que je n'aie pas même des yeux, pour voir aucune chose, mais il ne

se peut faire que lorsque je vois, ou, ce
que je ne distingue point, lorsque je
pense voir, que moi qui pense ne sois
quelque chose. De même, si je juge que
la cire existe de ce que je la touche, il
s'ensuivra encore la même chose, à savoir
que je suis; et si je le juge de ce que
mon imagination, ou quelque autre cause
que ce soit, me le persuade, je conclurai
toujours la même chose. Et ce que j'ai
remarqué ici de la cire se peut appliquer
à toutes les autres choses qui me sont
extérieures et qui se rencontrent hors de
moi. Et, de plus, si la notion ou perception de la cire m'a semblé plus nette et
plus distincte après que non-seulement
la vue ou le toucher, mais encore beaucoup d'autres causes me l'ont rendue plus
manifeste, avec combien plus d'évidence,
de distinction et de netteté faut-il avouer
que je me connois à présent moi-même,
puisque toutes les raisons qui servent à

connoître et concevoir la nature de la cire, ou de quelque autre corps que ce soit, prouvent beaucoup mieux la nature de mon esprit ; et il se rencontre encore tant d'autres choses en l'esprit même qui peuvent contribuer à l'éclaircissement de sa nature, que celles qui dépendent du corps, comme celles-ci, ne méritent quasi pas d'être mises en compte.

Mais enfin me voici insensiblement revenu où je voulois ; car, puisque c'est une chose qui m'est à présent manisfeste, que les corps même ne sont pas proprement connus par les sens ou par la faculté d'imaginer, mais par le seul entendement, et qu'ils ne sont pas connus de ce qu'ils sont vus ou touchés, mais seulement de ce qu'ils sont entendus, ou bien compris par la pensée ; je vois clairement qu'il n'y a rien qui me soit plus facile à connoître que mon esprit. Mais, parce qu'il est malaisé de se défaire si promptement d'une opinion à laquelle on s'est accoutumé de longue main, il sera bon que je m'arrête un peu en cet endroit, afin que par la longueur de ma méditation j'imprime plus profondément en ma mémoire cette nouvelle connoissance.

MÉDITATION TROISIÈME.

DE DIEU; QU'IL EXISTE.

Je fermerai maintenant les yeux, je boucherai mes oreilles, je détournerai tous mes sens, j'effacerai même de ma pensée toutes les images des choses corporelles, ou du moins, parce qu'à peine cela se peut-il faire, je les réputerai comme vaines et comme fausses; et ainsi m'entretenant seulement moi-même, et considérant mon intérieur, je tâcherai de me rendre peu à peu plus connu et plus familier à moi-même. Je suis une chose qui pense, c'est-à-dire qui doute, qui affirme, qui nie, qui connoît peu de choses, qui en ignore beaucoup, qui aime, qui hait, qui veut,

qui ne veut pas , qui imagine aussi , et
qui sent ; car, ainsi que j'ai remarqué ci-
devant, quoique les choses que je sens et
que j'imagine ne soient peut-être rien du
tout hors de moi et en elles-mêmes, je
suis néanmoins assuré que ces façons
de penser que j'appelle sentiments et
imaginations, en tant seulement qu'elles
sont des façons de penser, résident et se
rencontrent certainement en moi. Et
dans ce peu que je viens de dire, je crois
avoir rapporté tout ce que je sais véritablement, ou du moins tout ce que jusques ici j'ai remarqué que je savois. Maintenant, pour tâcher d'étendre ma connoissance plus avant, j'userai de circon-
spection, et considérerai avec soin si je
ne pourrai point encore découvrir en
moi quelques autres choses que je n'aie
point encore jusques ici aperçues. Je suis
assuré que je suis une chose qui pense ;
mais ne sais - je donc pas aussi ce qui est

requis pour me rendre certain de quelque chose ? Certes, dans cette première connoissance, il n'y a rien qui m'assure de la vérité, que la claire et distincte perception de ce que je dis, laquelle de vrai ne seroit pas suffisante pour m'assurer que ce que je dis est vrai, s'il pouvoit jamais arriver qu'une chose que je concevrois ainsi clairement et distinctement se trouvât fausse : et partant il me semble que déjà je puis établir pour règle générale que toutes les choses que nous concevons fort clairement et fort distinctement sont toutes vraies.

Toutefois j'ai reçu et admis ci-devant plusieurs choses comme très certaines et très manifestes, lesquelles néanmoins j'ai reconnues par après être douteuses et incertaines. Quelles étoient donc ces choses-là ? C'étoit la terre, le ciel, les astres, et toutes les autres choses que j'apercevois par l'entremise de mes sens. Or, qu'est-ce que je concevois clairement et distinctement en elles ?

Certes rien autre chose, sinon que les idées ou les pensées de ces choses-là se présentoient à mon esprit. Et encore à présent je ne nie pas que ces idées ne se rencontrent en moi. Mais il y avoit encore une autre chose que j'assurois, et qu'à cause de l'habitude que j'avois à la croire, je pensois apercevoir très clairement, quoique véritablement je ne l'aperçusse point, à savoir qu'il y avoit des choses hors de moi d'où procédoient ces idées, et auxquelles elles étoient tout-à-fait semblables : et c'étoit en cela que je me trompois; ou si peut-être je jugeois selon la vérité, ce n'étoit aucune connoissance que j'eusse qui fût cause de la vérité de mon jugement.

Mais lorsque je considérois quelque chose de fort simple et de fort facile touchant l'arithmétique et la géométrie, par exemple que deux et trois joints ensemble produisent le nombre de cinq et autres

choses semblables, ne les concevois-je pas
au moins assez clairement pour assurer
qu'elles étoient vraies? Certes si j'ai jugé
depuis qu'on pouvoit douter de ces choses,
ce n'a point été pour autre raison que
parce qu'il me venoit en l'esprit que peut-
être quelque Dieu avoit pu me donner
une telle nature que je me trompasse
même touchant les choses qui me semblent
les plus manifestes. Or toutes les fois que
cette opinion ci-devant conçue de la souveraine puissance d'un Dieu se présente
à ma pensée, je suis contraint d'avouer
qu'il lui est facile, s'il le veut, de faire en
sorte que je m'abuse même dans les choses que je crois connoître avec une évidence très grande : et au contraire toutes
les fois que je me tourne vers les choses
que je pense concevoir fort clairement, je
suis tellement persuadé par elles, que de
moi-même je me laisse emporter à ces
paroles: Me trompe qui pourra, si est-ce

qu'il ne sauroit jamais faire que je ne sois rien, tandis que je penserai être quelque chose, ou que quelque jour il soit vrai que je n'aie jamais été, étant vrai maintenant que je suis, ou bien que deux et trois joints ensemble fassent plus ni moins que cinq, ou choses semblables que je vois clairement ne pouvoir être d'autre façon que je les conçois.

Et certes, puisque je n'ai aucune raison de croire qu'il y ait quelque Dieu qui soit trompeur, et même que je n'ai pas encore considéré celles qui prouvent qu'il y a un Dieu, la raison de douter qui dépend seulement de cette opinion est bien légère, et pour ainsi dire métaphysique. Mais afin de la pouvoir tout-à-fait ôter, je dois examiner s'il y a un Dieu, sitôt que l'occasion s'en présentera; et si je trouve qu'il y en ait un, je dois aussi examiner s'il peut être trompeur : car, sans la connoissance de ces deux vérités, je ne vois pas que je puisse jamais être certain d'aucune chose. Et afin que je puisse avoir occasion d'examiner cela sans interrompre l'ordre de méditer que je me suis proposé, qui est de passer par degrés des notions que je trouverai les premières en mon esprit, à celles que j'y pourrai trouver par après, il faut ici que je divise toutes mes pensées en certains genres, et que je considère dans lesquels de ces genres il y a proprement de la vérité ou de l'erreur.

Entre mes pensées, quelques-unes sont comme les images des choses, et c'est à celles-là seules que convient proprement le nom d'idée; comme lorsque je me re-présente un homme, ou une chimère, ou le ciel, ou un ange, ou Dieu même. D'autres, outre cela, ont quelques autres formes, comme lorsque je veux, que je crains, que j'affirme ou que je nie, je conçois bien alors quelque chose comme le

8

sujet de l'action de mon esprit, mais j'a-
joute aussi quelque autre chose par cette
action à l'idée que j'ai de cette chose-là;
et de ce genre de pensées, les unes sont
appelées volontés ou affections, et les autres jugements.

Maintenant, pour ce qui concerne les
idées, si on les considère seulement en
elles-mêmes, et qu'on ne les rapporte
point à quelque autre chose, elles ne
peuvent, à proprement parler, être fausses:
car, soit que j'imagine une chèvre ou une
chimère, il n'est pas moins vrai que j'imagine l'une que l'autre. Il ne faut pas
craindre aussi qu'il se puisse rencontrer de
la fausseté dans les affections ou volontés:
car encore que je puisse désirer des choses
mauvaises, ou même qui ne furent jamais,
toutefois il n'est pas pour cela moins vrai
que je les désire. Ainsi il ne reste plus
que les seuls jugements, dans lesquels je
dois prendre garde soigneusement de ne

me point tromper. Or la principale
erreur et la plus ordinaire qui s'y puisse
rencontrer consiste en ce que je juge que
les idées qui sont en moi sont semblables
ou conformes à des choses qui sont hors
de moi: car certainement si je considérois
seulement les idées comme de certains
modes ou façons de ma pensée, sans les
vouloir rapporter à quelque autre chose
d'extérieur, à peine me pourroient-elles
donner occasion de faillir.

Or, entre ces idées, les unes me semblent être nées avec moi, les autres être
étrangères et venir de dehors, et les autres
être faites et inventées par moi-même. Car
que j'aie la faculté de concevoir ce que c'est
qu'on nomme en général une chose, ou une
vérité, ou une pensée, il me semble que je ne
tiens point cela d'ailleurs que de ma nature
propre; mais si j'ois maintenant quelque
bruit, si je vois le soleil, si je sens de la
chaleur, jusqu'à cette heure j'ai jugé que

ces sentiments procédoient de quelques
choses qui existent hors de moi; et enfin
il me semble que les sirènes, les hippo-
griffes et toutes les autres semblables chimères sont des fictions et inventions de
mon esprit. Mais aussi peut-être me puis-
je persuader que toutes ces idées sont du
genre de celles que j'appelle étrangères,
et qui viennent de dehors, ou bien qu'elles
sont toutes nées avec moi : ou bien
qu'elles ont toutes été faites par moi : car
je n'ai point encore clairement découvert
leur véritable origine. Et ce que j'ai principalement à faire en cet endroit est de
considérer, touchant celles qui me semblent venir de quelques objets qui sont
hors de moi, quelles sont les raisons qui
m'obligent à les croire semblables à ces
objets.

La première de ces raisons est qu'il me
semble que cela m'est enseigné par la
nature; et la seconde, que j'expérimente

en moi-même que ces idées ne dépendent
point de ma volonté: car souvent elles se
présentent à moi malgré moi, comme
maintenant, soit que je le veuille, soit
que je ne le veuille pas, je sens de la
chaleur, et pour cela je me persuade que
ce sentiment, ou bien cette idée de la chaleur est produite en moi par une chose
différente de moi, à savoir par la chaleur
du feu auprès duquel je suis assis. Et je ne
vois rien qui me semble plus raisonnable
que de juger que cette chose étrangère
envoie et imprime en moi sa ressemblance
plutôt qu'aucune autre chose.

Maintenant il faut que je voie si ces
raisons sont assez fortes et convaincantes.
Quand je dis qu'il me semble que cela
m'est enseigné par la nature, j'entends
seulement par ce mot de nature une certaine inclination qui me porte à le croire,
et non pas une lumière naturelle qui me
fasse connoître que cela est véritable. Or

ces deux façons de parler diffèrent beaucoup entre elles. Car je ne saurois rien
révoquer en doute de ce que la lumière
naturelle me fait voir être vrai, ainsi
qu'elle m'a tantôt fait voir que de ce
que je doutois je pouvois conclure que
j'étois, d'autant que je n'ai en moi aucune
autre faculté ou puissance pour distinguer
le vrai d'avec le faux, qui me puisse enseigner que ce que cette lumière me
montre comme vrai ne l'est pas, et à qui
je me puisse tant fier qu'à elle. Mais pour
ce qui est des inclinations qui me semblent
aussi m'être naturelles, j'ai souvent remarqué, lorsqu'il a été question de faire
choix entre les vertus et les vices, qu'elles
ne m'ont pas moins porté au mal qu'au
bien; c'est pourquoi je n'ai pas sujet de
les suivre non plus en ce qui regarde le
vrai et le faux. Et pour l'autre raison, qui
est que ces idées doivent venir d'ailleurs,
puisqu'elles ne dépendent pas de ma vo-

lonté, je ne la trouve non plus convain-
cante. Car tout de même que ces inclinations dont je parlois tout maintenant se
trouvent en moi, nonobstant qu'elles ne
s'accordent pas toujours avec ma volonté,
ainsi peut-être qu'il y a en moi quelque
faculté ou puissance propre à produire
ces idées sans l'aide d'aucunes choses extérieures, bien qu'elle ne me soit pas encore connue ; comme en effet il m'a toujours semblé jusques ici que lorsque je dors
elles se forment ainsi en moi sans l'aide
des objets qu'elles représentent. Et enfin
encore que je demeurasse d'accord qu'elles
sont causées par ces objets, ce n'est pas
une conséquence nécessaire qu'elles doivent
leur être semblables. Au contraire, j'ai
souvent remarqué en beaucoup d'exemples
qu'il y avoit une grande différence entre
l'objet et son idée. Comme par exemple je
trouve en moi deux idées du soleil
toutes diverses : l'une tire son origine des

sens, et doit être placée dans le genre de celles que j'ai dites ci-dessus venir de dehors, par laquelle il me paroît extrêmement petit; l'autre est prise des raisons de l'astronomie, c'est-à-dire de certaines notions nées avec moi, ou enfin est formée par moi-même de quelque sorte que ce puisse être; par laquelle il me paroît plusieurs fois plus grand que toute la terre. Certes ces deux idées que je conçois du soleil ne peuvent pas être toutes deux semblables au même soleil; et la raison me fait croire que celle qui vient immédiatement de son apparence est celle qui lui est le plus dissemblable. Tout cela me fait assez connoître que jusques à cette heure ce n'a point été par un jugement certain et prémédité, mais seulement par une aveugle et téméraire impulsion, que j'ai cru qu'il y avoit des choses hors de moi, et différentes de mon être, qui, par les organes de mes sens, ou par quelque

autre moyen que ce puisse être, en-
voyoient en moi leurs idées ou images,
et y imprimoient leurs ressemblances.

Mais il se se présente encore une autre
voie pour rechercher si entre les choses
dont j'ai en moi les idées il y en a quelques-unes qui existent hors de moi. A
savoir, si ces idées sont prises en tant
seulement que ce sont de certaines façons
de penser, je ne reconnois entre elles aucune différence ou inégalité, et toutes
me semblent procéder de moi d'une même
façon; mais les considérant comme des
images, dont les unes représentent une
chose et les autres une autre, il est
évident qu'elles sont fort différentes les
unes des autres. Car en effet celles qui
me représentent des substances sont sans
doute quelque chose de plus, et contiennent, en soi, pour ainsi parler, plus
de réalité objective, c'est-à-dire partici-
pent par représentation à plus de degrés

d'être ou de perfection, que celles qui me
représentent seulement des modes ou
accidents. De plus, celle par laquelle je
conçois un Dieu souverain, éternel, infini, immuable, tout connoissant, tout
puissant, et créateur universel de toutes les
choses qui sont hors de lui; celle-là, dis-je,
a certainement en soi plus de réalité objective que celles par qui les substances finies
me sont représentées.

Maintenant c'est une chose manifeste
par la lumière naturelle, qu'il doit y
avoir pour le moins autant de réalité
dans la causé efficiente et totale que
dans son effet: car d'où est-ce que l'effet peut tirer sa réalité, sinon de sa
cause; et comment cette cause la lui
pourrait-elle communiquer, si elle ne
l'avoit en elle-même? Et delà il suit
non-seulement que le néant ne sauroit
produire aucune chose, mais aussi que
ce qui est plus parfait, c'est-à-dire

qui contient en soi plus de **réalité, ne
peut** être une suite et une **dépendance**
du moins parfait. Et cette vérité **n'est
pas** seulement claire et évid**ente** da**ns**
les effets qui ont cette réalité **que les**
philosophes appellent actuelle **ou for-**
melle, mais aussi dans les idées **où l'on**
considère seulement la réalité **qu'ils nom-**
ment objective : par exemple, **la pierre**
qui n'a point encore été, **non-seule-**
ment ne peut pas maintenant **commencer**
d'être, si elle n'est produite **par une**
chose qui possède en soi **formellement**
ou éminemment tout ce qui entre en
la composition de la pierre, c'est-à-dire
qui contienne en soi les mêmes choses,
ou d'autres plus excellentes que celles
qui sont dans la pierre; et la chaleur
ne peut être produite dans un sujet qui
en était auparavant privé, si ce n'est
par une chose qui soit d'un ordre, d'un
degré ou d'un genre au moins aussi

parfait que la chaleur, et ainsi des autres.
Mais encore, outre cela, l'idée de la
chaleur ou de la pierre ne peut pas
être en moi, si elle n'y a été mise par
quelque cause qui contienne en soi pour
le moins autant de réalité que j'en conçois dans la chaleur ou dans la pierre :
car, encore que cette cause-là ne trans-
mette en mon idée aucune chose de sa
réalité actuelle ou formelle, on ne doit
pas pour cela s'imaginer que cette cause
doive être moins réelle; mais on doit savoir que toute idée étant un ouvrage de
l'esprit, sa nature est telle qu'elle ne demande de soi aucune autre réalité formelle
que celle qu'elle reçoit et emprunte de
la pensée ou de l'esprit, dont elle est
seulement un mode, c'est-à-dire une manière ou façon de penser. Or, afin qu'une
idée contienne une telle réalité objective
plutôt qu'une autre, elle doit sans doute
avoir cela de quelque cause dans la-

quelle il se rencontre pour le moins autant de réalité formelle que cette idée contient de réalité objective; car si nous supposons qu'il se trouve quelque chose dans une idée qui ne se rencontre pas dans sa cause, il faut donc qu'elle tienne cela du néant. Mais, pour imparfaite que soit cette façon d'être par laquelle une chose est objectivement ou par représentation dans l'entendement par son idée, certes on ne peut pas néanmoins dire que cette façon et manière-là d'être ne soient rien, ni par conséquent que cette idée tire son origine du néant. Et je ne dois pas aussi m'imaginer que la réalité que je considère dans mes idées n'étant qu'objective, il n'est pas nécessaire que la même réalité soit formellement ou actuellement dans les causes de ces idées, mais qu'il suffit qu'elle soit aussi objectivement en elles : car, tout ainsi que cette manière d'être ob-

jectivement appartient aux idées de leur
propre nature, de même aussi la manière ou la façon d'être formellement appartient aux causes de ces idées (à tout
le moins aux premières et principales)
de leur propre nature. Et encore qu'il
puisse arriver qu'une idée donne naissance à une autre idée, cela ne peut pas
toutefois être à l'infini; mais, il faut à-
la-fin parvenir à une première idée,
dont la cause soit comme un patron
ou un original dans lequel toute la réalité
ou perfection soit contenue formellement
et en effet, qui se rencontre seulement
objectivement ou par représentation dans
ces idées. En sorte que la lumière naturelle me fait connoître évidemment que
les idées sont en moi comme des tableaux ou des images qui peuvent à la
vérité facilement déchoir de la perfection des choses dont elles ont été tirées, mais qui ne peuvent jamais rien

contenir de plus grand ou de plus parfait.

Et d'autant plus longuement et soigneusement j'examine toutes ces choses,
d'autant plus clairement et distinctement
je connois qu'elles sont vraies. Mais,
enfin, que conclurai-je de tout cela?
C'est à savoir que, si la réalité ou perfection objective de quelqu'une de mes
idées est telle que je connoisse clairement que cette même réalité ou perfection n'est point en moi ni formellement
ni éminemment, et que par conséquent
je ne puis moi-même en être la cause,
il suit delà nécessairement que je ne suis
pas seul dans le monde, mais qu'il y
a encore quelque autre chose qui existe
et qui est la cause de cette idée ; au
lieu que, s'il ne se rencontre point en
moi de telle idée, je n'aurai aucun argument qui me puisse convaincre et rendre certain de l'existence d'aucune autre

chose que de moi-même, car je les ai tous soigneusement recherchés, et je n'en ai pu trouver aucun autre jusqu'à présent.

Or, entre toutes ces idées qui sont en moi, outre celles qui me représentent moi-même à moi-même, de laquelle il ne peut y avoir ici aucune difficulté, il y en a une autre qui me représente un Dieu, d'autres des choses corporelles et inanimées, d'autres des anges, d'autres des animaux, et d'autres enfin qui me représentent des hommes semblables à moi. Mais, pour ce qui regarde les idées qui me représentent d'autres hommes, ou des animaux, ou des anges, je conçois facilement qu'elles peuvent être formées par le mélange et la composition des autres idées que j'ai des choses corporelles, et de Dieu, encore que hors de moi il n'y eût point d'autres hommes dans le monde, ni aucuns animaux, ni aucuns anges. Et pour ce qui regarde les idées des choses corporelles, je n'y reconnois rien de si grand ni de si excellent qui ne me semble pouvoir venir de moi-même; car, si je les considère de plus près, et si je les examine de la même façon que j'examinai hier l'idée de la cire, je trouve qu'il ne s'y rencontre que fort peu de chose que je conçoive clairement et distinctement, à savoir la grandeur ou bien l'extension en longueur, largeur et profondeur, la figure qui résulte de la terminaison de cette extension, la situation que les corps diversement figurés gardent entre eux, et le mouvement ou le changement de cette situation, auxquelles on peut ajouter la substance, la durée et le nombre. Quant aux autres choses, comme la lumière, les couleurs, les sons, les odeurs, les saveurs, la chaleur, le froid, et les autres qualités qui tombent sous l'attouchement, elles

se rencontrent dans ma pensée avec tant
d'obscurité et de confusion, que j'ignore
même si elles sont vraies ou fausses,
c'est-à-dire si les idées que je conçois
de ces qualités sont en effet les idées de
quelques choses réelles, ou bien si elles
ne me représentent que des êtres chi-
mériques qui ne peuvent exister. Car,
encore que j'aie remarqué ci-devant qu'il
n'y a que dans les jugements que se puisse
rencontrer la vraie et formelle fausseté,
il se peut néanmoins trouver dans les
idées une certaine fausseté matérielle, à
savoir lorsqu'elles représentent ce qui
n'est rien comme si c'étoit quelque chose.
Par exemple, les idées que j'ai du froid
et de la chaleur sont si peu claires et si
peu distinctes, qu'elles ne me sauroient
apprendre si le froid est seulement une
privation de la chaleur, ou la chaleur une
privation du froid; ou bien si l'une et
l'autre sont des qualités réelles, ou si

elles ne le sont pas ; et, d'autant que les idées étant comme des images, il n'y en peut avoir aucune qui ne nous semble représenter quelque chose ; s'il est vrai de dire que le froid ne soit autre chose qu'une privation de la chaleur, l'idée qui me le représente comme quelque chose de réel et de positif ne sera pas mal à propos appelée fausse, et ainsi des autres. Mais, à dire le vrai, il n'est pas nécessaire que je leur attribue d'autre auteur que moi-même : car, si elles sont fausses, c'est-à-dire si elles représentent des choses qui ne sont point, la lumière naturelle me fait connoître qu'elles procèdent du néant, c'est-à-dire qu'elles ne sont en moi que parce qu'il manque quelque chose à ma nature, et qu'elle n'est pas toute parfaite ; et si ces idées sont vraies, néanmoins, parce qu'elles me font paroître si peu de réalité que même je ne saurois distinguer la chose représentée d'avec le non-être ,

je ne vois pas pourquoi je ne pourrois
point en être l'auteur.

Quant aux idées claires et distinctes que
j'ai des choses corporelles, il y en a quelques-unes qu'il semble que j'ai pu tirer
de l'idée que j'ai de moi-même; comme
celles que j'ai de la substance, de la durée,
du nombre, et d'autres choses semblables.
Car, lorsque je pense que la pierre est une
substance, ou bien une chose qui de soi
est capable d'exister, et que je suis aussi
moi-même une substance; quoique je conçoive bien que je suis une chose qui pense
et non étendue, et que la pierre au contraire est une chose étendue et qui ne
pense point, et qu'ainsi entre ces deux
conceptions il se rencontre une notable
différence, toutefois elles semblent con-
venir en ce point qu'elles représentent
toutes deux des substances. De même,
quand je pense que je suis maintenant,
et que je me ressouviens outre cela d'avoir

été autrefois, et que je conçois plusieurs diverses pensées dont je connois le nombre, alors j'acquiers en moi les idées de la durée et du nombre, lesquelles, par après, je puis transférer à toutes les autres choses que je voudrai. Pour ce qui est des autres qualités dont les idées des choses corporelles sont composées, à savoir l'étendue, la figure, la situation et le mouvement, il est vrai qu'elles ne sont point formellement en moi, puisque je ne suis qu'une chose qui pense; mais parce que ce sont seulement de certains modes de la substance, et que je suis moi-même une substance, il semble qu'elles puissent être contenues en moi éminemment.

Partant, il ne reste que la seule idée de Dieu, dans laquelle il faut considérer s'il y a quelque chose qui n'ait pu venir de moi-même. Par le nom de Dieu j'entends une substance infinie, éternelle, immuable, indépendante, toute connois-

sante, toute puissante, et par laquelle
moi-même et toutes les autres choses qui
sont (s'il est vrai qu'il y en ait qui existent)
ont été créées et produites. Or, ces avantages sont si grands et si éminents, que
plus attentivement je les considère, et
moins je me persuade que l'idée que j'en
ai puisse tirer son origine de moi seul. Et
par conséquent il faut nécessairement conclure de tout ce que j'ai dit auparavant
que Dieu existe : car, encore que l'idée de
la substance soit en moi de cela même que
je suis une substance, je n'aurois pas néanmoins l'idée d'une substance infinie, moi
qui suis un être fini, si elle n'avoit été
mise en moi par quelque substance qui fût
véritablement infinie.

Et je ne me dois pas imaginer que je
ne conçois pas l'infini par une véritable
idée, mais seulement par la négation de
ce qui est fini, de même que je comprends le repos et les ténèbres par la né-

gation du mouvement et de la lumière :
puisqu'au contraire je vois manifestement
qu'il se rencontre plus de réalité dans la
substance infinie que dans la substance
finie, et partant que j'ai en quelque façon
plutôt en moi la notion de l'infini que du
fini, c'est-à-dire de Dieu que de moi-
même : car, comment seroit-il possible que
je pusse connoître que je doute et que je
desire, c'est-à-dire qu'il me manque quelque chose et que je ne suis pas tout parfait, si je n'avois en moi aucune idée d'un
être plus parfait que le mien, par la comparaison duquel je connoîtrois les défauts
de ma nature ?

Et l'on ne peut pas dire que peut-être
cette idée de Dieu est matériellement
fausse, et par conséquent que je la puis
tenir du néant, c'est-à-dire qu'elle peut
être en moi pourceque j'ai du défaut,
comme j'ai tantôt dit des idées de la chaleur et du froid et d'autres choses sem-

blables : car au contraire cette idée étant
fort claire et fort distincte, et contenant
en soi plus de réalité objective qu'aucune
autre, il n'y en a point qui de soi soit
plus vraie, ni qui puisse être moins soup-
çonnée d'erreur et de fausseté.

Cette idée, dis-je, d'un être souverainement parfait et infini est très vraie ; car
encore que peut-être l'on puisse feindre
qu'un tel être n'existe point, on ne peut
pas feindre néanmoins que son idée ne me
représente rien de réel, comme j'ai tantôt
dit de l'idée du froid. Elle est aussi fort
claire et fort distincte, puisque tout ce que
mon esprit conçoit clairement et distinctement de réel et de vrai, et qui contient
en soi quelque perfection, est contenu
et renfermé tout entier dans cette idée. Et
ceci ne laisse pas d'être vrai, encore que
je ne comprenne pas l'infini, et qu'il se
rencontre en Dieu une infinité de choses
que je ne puis comprendre, ni peut-être

aussi atteindre aucunement de la pensée;
car il est de la nature de l'infini, que
moi qui suis fini et borné ne le puisse
comprendre ; et il suffit que j'entende
bien cela et que je juge que toutes les
choses que je conçois clairement, et
dans lesquelles je sais qu'il y a quelque
perfection, et peut-être aussi une infinité
d'autres que j'ignore, sont en Dieu formellement ou éminemment, afin que l'idée
que j'en ai soit la plus vraie, la plus claire
et la plus distincte de toutes celles qui
sont en mon esprit.

Mais peut-être aussi que je suis quelque
chose de plus que je ne m'imagine, et que
toutes les perfections que j'attribue à la nature d'un Dieu sont en quelque façon en
moi en puissance, quoiqu'elles ne se produisent pas encore et ne se fassent point
paroître par leurs actions. En effet, j'expérimente déjà que ma connoissance s'augmente et se perfectionne peu à peu; et je

ne vois rien qui puisse empêcher qu'elle
ne s'augmente ainsi de plus en plus jusques à l'infini, ni aussi pourquoi, étant
ainsi accrue et perfectionnée, je ne pourrois pas acquérir par son moyen toutes les
autres perfections de la nature divine, ni
enfin pourquoi la puissance que j'ai pour
l'acquisition de ces perfections, s'il est vrai
qu'elle soit maintenant en moi, ne seroit
pas suffisante pour en produire les idées.
Toutefois, en y regardant un peu de près,
je reconnois que cela ne peut être ; car premièrement, encore qu'il fût vrai que ma
connoissance acquît tous les jours de nou-
veaux degrés de perfection, et qu'il y eût
en ma nature beaucoup de choses en puissance qui n'y sont pas encore actuellement,
toutefois tous ces avantages n'appartiennent et n'approchent en aucune sorte de
l'idée que j'ai de la Divinité, dans laquelle
rien ne se rencontre seulement en puissance, mais tout y est actuellement et en

effet. Et même n'est-ce pas un argument infaillible et très certain d'imperfection en ma connoissance, de ce qu'elle s'accroît peu à peu et qu'elle s'augmente par degrés ? De plus, encore que ma connoissance s'augmentât de plus en plus, néanmoins je ne laisse pas de concevoir qu'elle ne sauroit être actuellement infinie, puisqu'elle n'arrivera jamais à un si haut point de perfection, qu'elle ne soit encore capable d'acquérir quelque plus grand accroissement. Mais je conçois Dieu actuellement infini en un si haut degré, qu'il ne se peut rien ajouter à la souveraine perfection qu'il possède. Et, enfin, je comprends fort bien que l'être objectif d'une idée ne peut être produit par un être qui existe seulement en puissance, lequel à proprement parler n'est rien, mais seulement par un être formel ou actuel.

Et certes je ne vois rien en tout ce que je viens de dire qui ne soit très aisé à connoître par la lumière naturelle à tous ceux, qui voudront y penser soigneusement; mais lorsque je relâche quelque chose de mon attention, mon esprit se trouvant obscurci et comme aveuglé par les images des choses sensibles, ne se ressouvient pas facilement de la raison pourquoi l'idée que j'ai d'un être plus parfait que le mien doit nécessairement avoir été mise en moi par un être qui soit en effet plus parfait. C'est pourquoi je veux ici passer outre, et considérer si moi-même qui ai cette idée de Dieu, je pourrois être, en cas qu'il n'y eût point de Dieu. Et je demande, de qui aurois-je mon existence ? Peut-être de moi-même, ou de mes parents, ou bien de quelques autres causes moins parfaites que Dieu ; car on ne se peut rien imaginer de plus parfait, ni même d'égal à lui. Or, si j'étois indépendant de tout autre, et que je fusse moi-même l'auteur de mon être, je ne douterois d'aucune chose, je

ne concevrois point de desirs ; et enfin il
ne me manqueroit aucune perfection, car
je me serois donné moi-même toutes celles
dont j'ai en moi quelque idée ; et ainsi je
serois Dieu. Et je ne me dois pas imaginer
que les choses qui me manquent sont peut-
être plus difficiles à acquérir que celles dont
je suis déjà en possession ; car au contraire
il est très certain qu'il a été beaucoup plus
difficile que moi, c'est-à-dire une chose
ou une substance qui pense, sois sorti du
néant, qu'il ne me seroit d'acquérir les
lumières et les connoissances de plusieurs
choses que j'ignore, et qui ne sont que des
accidents de cette substance ; et certainement si je m'étois donné ce plus que je viens
de dire, c'est-à-dire si j'étois moi-même
l'auteur de mon être, je ne me serois pas
au moins dénié les choses qui se peuvent
avoir avec plus de facilité , comme sont
une infinité de connoissances dont ma nature se trouve dénuée : je ne me serois pas

même dénié aucune des choses que je vois être contenues dans l'idée de Dieu , parce qu'il n'y en a aucune qui me semble plus difficile à faire ou à acquérir; et s'il y en avoit quelqu'une qui fût plus difficile , certainement elle me paroîtroit telle (supposé que j'eusse de moi toutes les autres choses que je possède), parce que je verrois en cela ma puissance terminée. Et encore que je puisse supposer que peut-être j'ai toujours été comme je suis maintenant , je ne saurois pas pour cela éviter la force de ce raisonnement , et ne laisse pas de connoître qu'il est nécessaire que Dieu soit l'auteur de mon existence. Car tout le temps de ma vie peut être divisé en une infinité de parties , chacune desquelles ne dépend en aucune façon des autres ; et ainsi, de ce qu'un peu auparavant j'ai été, il ne s'ensuit pas que je doive maintenant être, si ce n'est qu'en ce moment quelque cause me produise et me crée pour ainsi dire derechef, c'est-à-dire me conserve. En effet, c'est une chose bien claire et bien évidente à tous ceux qui considéreront avec attention la nature du temps, qu'une substance, pour être conservée dans tous les moments qu'elle dure, a besoin du même pouvoir et de la même action qui seroit nécessaire pour la produire et la créer tout de nouveau, si elle n'étoit point encore; en sorte que c'est une chose que la lumière naturelle nous fait voir clairement, que la conservation et la création ne diffèrent qu'au regard de notre façon de penser, et non point en effet. Il faut donc seulement ici que je m'interroge et me consulte moi-même, pour voir si j'ai en moi quelque pouvoir et quelque vertu au moyen de laquelle je puisse faire que moi qui suis maintenant, je sois encore un moment après : car puisque je ne suis rien qu'une chose qui pense (ou du moins puisqu'il ne s'agit encore

jusques ici précisément que de cette par-
tie-là de moi-même), si une telle puissance
résidoit en moi, certes je devrois à tout
le moins le penser, et en avoir connoissance; mais je n'en ressens aucune dans moi,
et par là je connois évidemment que je
dépends de quelque être différent de moi.

Mais peut-être que cet être-là duquel je
dépends n'est pas Dieu, et que je suis produit ou par mes parents, ou par quelques
autres causes moins parfaites que lui? Tant
s'en faut ; cela ne peut être : car, comme
j'ai déjà dit auparavant, c'est une chose très
évidente qu'il doit y avoir pour le moins
autant de réalité dans la cause que dans
son effet ; et partant, puisque je suis une
chose qui pense, et qui ai en moi quelque
idée de Dieu, quelle que soit enfin la cause
de mon être, il faut nécessairement avouer
qu'elle est aussi une chose qui pense et
qu'elle a en soi l'idée de toutes les perfections que j'attribue à Dieu. Puis l'on

peut derechef rechercher si cette cause tient son origine et son existence de soi-même, ou de quelque autre chose. Car si elle la tient de soi-même, il s'ensuit, par les raisons que j'ai ci-devant alléguées, que cette cause est Dieu; puisque ayant la vertu d'être et d'exister par soi, elle doit aussi sans doute avoir la puissance de posséder actuellement toutes les perfections dont elle a en soi les idées, c'est-à-dire toutes celles que je conçois être en Dieu. Que si elle tient son existence de quelque autre cause que de soi, on demandera derechef par la même raison de cette seconde cause si elle est par soi, ou par autrui; jusques à ce que de degrés en degrés on parvienne enfin à une dernière cause, qui se trouvera être Dieu. Et il est très manifeste qu'en cela il ne peut y avoir de progrès à l'infini, vu qu'il ne s'agit pas tant ici de la cause qui m'a produit autrefois, comme de celle qui me conserve présentement.

On ne peut pas feindre aussi que peut-être plusieurs causes ont ensemble concouru en partie à ma production , et que de l'une j'ai reçu l'idée d'une des perfections que j'attribue à Dieu , et d'une autre l'idée de quelque autre , en sorte que toutes ces perfections se trouvent bien à la vérité quelque part dans l'univers , mais ne se rencontrent pas toutes jointes et assemblées dans une seule qui soit Dieu : car au contraire l'unité, la simplicité , ou l'inséparabilité de toutes les choses qui sont en Dieu est une des principales perfections que je conçois être en lui ; et certes l'idée de cette unité de toutes les perfections de Dieu n'a pu être mise en moi par aucune cause de qui je n'aie point aussi reçu les idées de toutes les autres perfections ; car elle n'a pu faire que je les comprisse toutes jointes ensemble et inséparables , sans avoir fait en sorte en même temps que je susse ce qu'elles étoient et que je les connaisse toutes en quelque façon.

Enfin, pour ce qui regarde mes parents, desquels il semble que je tire ma naissance, encore que tout ce que j'en ai jamais pu croire soit véritable, cela ne fait pas toutefois que ce soit eux qui me conservent, ni même qui m'aient fait et produit en tant que je suis une chose qui pense, n'y ayant aucun rapport entre l'action corporelle, par laquelle j'ai coutume de croire qu'ils m'ont engendré, et la production d'une telle substance : mais ce qu'ils ont tout au plus contribué à ma naissance, est qu'ils ont mis quelques dispositions dans cette matière, dans laquelle j'ai jugé jusques ici que moi, c'est-à-dire mon esprit, lequel seul je prends maintenant pour moi-même, est renfermé; et partant il ne peut y avoir ici à leur égard aucune difficulté; mais il faut nécessairement conclure que, de cela seul que j'existe, et que l'idée d'un être souverainement parfait, c'est-à-dire de

Dieu, est en moi, l'existence de Dieu est très évidemment démontrée.

Il me reste seulement à examiner de quelle façon j'ai acquis cette idée : car je ne l'ai pas reçue par les sens, et jamais elle ne s'est offerte à moi contre mon attente, ainsi que font d'ordinaire les idées des choses sensibles, lorsque ces choses se présentent ou semblent se présenter aux organes extérieurs des sens ; elle n'est pas aussi une pure production ou fiction de mon esprit, car il n'est pas en mon pouvoir d'y diminuer ni d'y ajouter aucune chose; et par conséquent il ne reste plus autre chose à dire, sinon que cette idée est née et produite avec moi dès lors que j'ai été créé, ainsi que l'est l'idée de moi-même. Et de vrai, on ne doit pas trouver étrange que Dieu, en me créant, ait mis en moi cette idée pour être comme la marque de l'ouvrier empreinte sur son ouvrage ; et il n'est pas aussi nécessaire que

cette marque soit quelque chose de différent de cet ouvrage même; mais, de cela
seul que Dieu m'a créé, il est fort croyable
qu'il m'a en quelque façon produit à son
image et semblance, et que je conçois
cette ressemblance, dans laquelle l'idée de
Dieu se trouve contenue, par la même faculté par laquelle je me conçois moi-même,
c'est-à-dire que, lorsque je fais réflexion
sur moi, non-seulement je connois que
je suis une chose imparfaite, incomplète
et dépendante d'autrui, qui tend et qui
aspire sans cesse à quelque chose de meilleur et de plus grand que je ne suis, mais
je connois aussi en même temps que celui
duquel je dépends possède en soi toutes
ces grandes choses auxquelles j'aspire et
dont je trouve en moi les idées, non pas
indéfiniment et seulement en puissance,
mais qu'il en jouit en effet, actuellement
et infiniment, et ainsi qu'il est Dieu. Et
toute la force de l'argument dont j'ai ici

usé pour prouver l'existence de Dieu consiste en ce que je reconnois qu'il ne seroit
pas possible que ma nature fût telle qu'elle
est, c'est-à-dire que j'eusse en moi l'idée
d'un Dieu, si Dieu n'existoit véritablement; ce même Dieu, dis-je, duquel l'i-
dée est en moi, c'est-à-dire qui possède
toutes ces hautes perfections dont notre
esprit peut bien avoir quelque légère idée,
sans pourtant les pouvoir comprendre,
qui n'est sujet à aucuns défauts, et qui
n'a rien de toutes les choses qui dénotent
quelque imperfection. D'où il est assez évident qu'il ne peut être trompeur, puisque
la lumière naturelle nous enseigne que la
tromperie dépend nécessairement de quelque défaut.

Mais auparavant que j'examine cela plus
soigneusement, et que je passe à la considération des autres vérités que l'on en
peut recueillir, il me semble très à propos
de m'arrêter quelque temps à la contem-

plation de ce Dieu tout parfait, de peser
tout à loisir ses merveilleux attributs, de
considérer, d'admirer et d'adorer l'incom-
parable beauté de cette immense lumière
au moins autant que la force de mon esprit,
qui en demeure en quelque sorte ébloui,
me le pourra permettre. Car comme la foi
nous apprend que la souveraine félicité de
l'autre vie ne consiste que dans cette contemplation de la majesté divine, ainsi ex-
périmentons-nous dès maintenant qu'une
semblable méditation, quoique incomparablement moins parfaite, nous fait jouir
du plus grand contentement que nous
soyons capables de ressentir en cette vie.

~~~~~~

MÉDITATION QUATRIÈME.

DU VRAI ET DU FAUX.

Je me suis tellement accoutumé ces jours passés à détacher mon esprit des sens, et j'ai si exactement remarqué qu'il y a fort peu de choses que l'on connoisse avec certitude touchant les choses corporelles; qu'il y en a beaucoup plus qui nous sont connues touchant l'esprit humain, et beaucoup plus encore de Dieu même., qu'il me sera maintenant aisé de détourner ma pensée de la considération des choses sensibles ou imaginables, pour la porter à celles qui, étant dégagées de toute matière, sont purement intelligibles. Et certes, l'idée que j'ai de l'esprit humain, en tant qu'il est une chose qui pense, et non étendue en lon-

gueur, largeur et profondeur, et qui ne
participe à rien de ce qui appartient au
corps, est incomparablement plus distincte
que l'idée d'aucune chose corporelle: et
lorsque je considère que je doute, c'est-à-
dire que je suis une chose incomplète et
dépendante, l'idée d'un être complet et
indépendant, c'est-à-dire de Dieu, se
présente à mon esprit avec tant de distinction et de clarté : et de cela seul que
cette idée se trouve en moi, ou bien que
je suis ou existe, moi qui possède cette
idée, je conclus si évidemment l'existence
de Dieu, et que la mienne dépend entièrement de lui en tous les moments de ma
vie, que je ne pense pas que l'esprit humain
puisse rien connoître avec plus d'évidence
et de certitude. Et déjà il me semble que
je découvre un chemin qui nous conduira
de cette contemplation du vrai Dieu,
dans lequel tous les trésors de la science
et de la sagesse sont renfermés, à la con-

noissance des autres choses de l'univers.

Car premièrement, je reconnois qu'il est impossible que jamais il me trompe, puisque en toute fraude et tromperie il se rencontre quelque sorte d'imperfection : et quoiqu'il semble que pouvoir tromper soit une marque de subtilité ou de puissance, toutefois vouloir tromper témoigne sans doute de la foiblesse ou de la malice ; et, partant, cela ne peut se rencontrer en Dieu. Ensuite, je connois par ma propre expérience qu'il y a en moi une certaine faculté de juger, ou de discerner le vrai d'avec le faux, laquelle sans doute j'ai reçue de Dieu, aussi bien que tout le reste des choses qui sont en moi et que je possède ; et puisqu'il est impossible qu'il veuille me tromper, il est certain aussi qu'il ne me l'a pas donnée telle que je puisse jamais faillir lorsque j'en userai comme il faut.

Et il ne resteroit aucun doute touchant

cela, si l'on n'en pouvoit, ce semble, tirer cette conséquence, qu'ainsi je ne me
puis jamais tromper ; car, si tout ce qui
est en moi vient de Dieu, et s'il n'a mis
en moi aucune faculté de faillir, il semble
que je ne me doive jamais abuser. Aussi
est-il vrai que, lorsque je me regarde seulement comme venant de Dieu, et que je
me tourne tout entier vers lui, je ne découvre en moi aucune cause d'erreur ou
de fausseté : mais aussitôt après, revenant
à moi, l'expérience me fait connoître que
je suis néanmoins sujet à une infinité d'erreurs, desquelles venant à rechercher la
cause, je remarque qu'il ne se présente pas
seulement à ma pensée une réelle et posi-
tive idée de Dieu, ou bien d'un être souverainement parfait ; mais aussi, pour ainsi parler, une certaine idée négative du
néant, c'est-à-dire de ce qui est infiniment
éloigné de toute sorte de perfection ; et que
je suis comme un milieu entre Dieu et le

néant , c'est-à-dire placé de telle-sorte
entre le souverain Etre et le non-être, qu'il
ne se rencontre de vrai rien en moi qui
me puisse conduire dans l'erreur, en tant
qu'un souverain Etre m'a produit ; mais
que , si je me considère comme partici-
pant en quelque façon du néant ou du
non-être, c'est-à-dire en tant que je ne
suis pas moi-même le souverain Etre et
qu'il me manque plusieurs choses, je me
trouve exposé à une infinité de manque-
ments ; de façon que je ne me dois pas
étonner si je me trompe. Et ainsi je connois que l'erreur en tant que telle, n'est
pas quelque chose de réel qui dépende de
Dieu, mais que c'est seulement un défaut ; et
partant que , pour faillir, je n'ai pas besoin
d'une faculté qui m'ait été donnée de Dieu
particulièrement pour cet effet : mais qu'il
arrive que je me trompe de ce que la puissance
que Dieu m'a donnée pour discerner le
vrai d'avec le faux n'est pas en moi infinie.

Toutefois, cela ne me satisfait pas encore tout-à-fait, car l'erreur n'est pas une pure négation, c'est-à-dire n'est pas le simple défaut ou manquement de quelque perfection qui ne m'est point due, mais c'est une privation de quelque connoissance qu'il semble que je devrois avoir. Or, en considérant la nature de Dieu, il ne semble pas possible qu'il ait mis en moi quelque faculté qui ne soit pas parfaite en son genre, c'est-à-dire qui manque de quelque perfection qui lui soit due : car, s'il est vrai que plus l'artisan est expert, plus les ouvrages qui sortent de ses mains sont parfaits et accomplis, quelle chose peut avoir été produite par ce souverain Créateur de l'univers qui ne soit parfaite et entièrement achevée en toutes ses parties ? Et certes, il n'y a point de doute que Dieu n'ait pu me créer tel que je ne me trompasse jamais : il est certain aussi qu'il veut toujours ce qui est le meilleur :

est-ce donc une chose meilleure que je
puisse me tromper que de ne le pouvoir
pas ?

Considérant cela avec attention, il me
vient d'abord en la pensée que je ne me
dois pas étonner si je ne suis pas capable de
comprendre pourquoi Dieu fait ce qu'il
fait, et qu'il ne faut pas pour cela douter
de son existence, de ce que peut-être je
vois par expérience beaucoup d'autres choses qui existent, bien que je ne puisse comprendre pour quelle raison ni comment
Dieu les a faites : car sachant déjà que ma
nature est extrêmement foible et limitée,
et que celle de Dieu au contraire est immense, incompréhensible et infinie, je
n'ai plus de peine à reconnoître qu'il y a
une infinité de choses en sa puissance desquelles les causes surpassent la portée de
mon esprit ; et cette seule raison est suffisante pour me persuader que tout ce genre
de causes, qu'on a coutume de tirer de la

fin , n'est d'aucun usage dans les choses
physiques ou naturelles ; car il ne me semble pas que je puisse sans témérité rechercher et entreprendre de découvrir les fins
impénétrables de Dieu.

De plus , il me vient encore en l'esprit
qu'on ne doit pas considérer une seule créature séparément, lorsqu'on recherche si
les ouvrages de Dieu sont parfaits , mais
généralement toutes les créatures ensemble : car la même chose qui pourroit peut-
être avec quelque sorte de raison sembler
fort imparfaite si elle étoit seule dans le
monde, ne laisse pas d'être très parfaite étant
considérée comme faisant partie de tout
cet univers; et quoique , depuis que j'ai
fait dessein de douter de toutes choses , je
n'aie encore connu certainement que mon
existence et celle de Dieu, toutefois aussi,
depuis que j'ai reconnu l'infinie puissance
de Dieu , je ne saurois nier qu'il n'ait produit beaucoup d'autres choses , ou du

moins qu'il n'en puisse produire, en sorte
que j'existe et sois placé dans le monde
comme faisant partie de l'universalité de
tous les êtres.

Ensuite de quoi , venant à me regarder
de plus près, et à considérer quelles sont
mes erreurs, lesquelles seules témoignent
qu'il y a en moi de l'imperfection, je
trouve qu'elles dépendent du concours
de deux causes, à savoir de la faculté de
connoître, qui est en moi, et de la faculté
d'élire, ou bien de mon libre arbitre,
c'est-à-dire de mon entendement, et ensemble de ma volonté. Car par l'entendement seul je n'assure ni ne nie aucune
chose , mais je conçois seulement les idées
des choses , que je puis assurer ou nier.
Or, en le considérant ainsi précisément ,
on peut dire qu'il ne se trouve jamais en
lui aucune erreur, pourvu qu'on prenne
le mot d'erreur en sa propre signification.
Et encore qu'il y ait peut-être une infinité

de choses dans le monde dont je n'ai aucune idée en mon entendement, on ne
peut pas dire pour cela qu'il soit privé
de ces idées, comme de quelque chose
qui soit due à sa nature, mais seulement
qu'il ne les a pas; parce qu'en effet il n'y
a aucune raison qui puisse prouver que
Dieu ait dû me donner une plus grande,
et plus ample faculté de connoitre que
celle qu'il m'a donnée: et, quelque adroit
et savant ouvrier que je me le représente,
je ne dois pas pour cela penser qu'il ait
dû mettre dans chacun de ses ouvrages
toutes les perfections qu'il peut mettre
dans quelques-uns. Je ne puis pas aussi
me plaindre que Dieu ne m'ait pas donné
un libre arbitre ou une volonté assez ample et assez parfaite, puisque en effet je
l'expérimente si ample et si étendue qu'elle
n'est renfermée dans aucunes bornes. Et
ce qui me semble ici bien remarquable,
est que, de toutes les autres choses qui

sont en moi, il n'y en a aucune si parfaite
et si grande, que je ne reconnoisse bien
qu'elle pourroit être encore plus grande
et plus parfaite. Car, par exemple, si je
considère la faculté de concevoir qui est
en moi, je trouve qu'elle est d'une fort
petite étendue, et grandement limitée,
et tout ensemble je me représente l'idée
d'une autre faculté beaucoup plus ample et
même infinie : et de cela seul que je puis me
représenter son idée, je connois sans difficulté qu'elle appartient à la nature de Dieu.
En même façon si j'examine la mémoire, ou
l'imagination, ou quelque autre faculté qui
soit en moi, je n'en trouve aucune qui ne
soit très petite et bornée, et qui en Dieu
ne soit immense et infinie. Il n'y a que la
volonté seule ou la seule liberté du franc
arbitre que j'expérimente en moi être si
grande, que je ne conçois point l'idée
d'aucune autre plus ample et plus étendue : en sorte que c'est elle principalement

qui me fait connoître que je porte l'image
et la ressemblance de Dieu. Car encore
qu'elle soit incomparablement plus grande
dans Dieu que dans moi, soit à raison de
la connoissance et de la puissance qui se
trouvent jointes avec elle et qui la rendent
plus ferme et plus efficace, soit à raison
de l'objet, d'autant qu'elle se porte et
s'étend infiniment à plus de choses, elle
ne me semble pas toutefois plus grande,
si je la considère formellement et précisément en elle-même. Car elle consiste seulement en ce que nous pouvons faire une
même chose, ou ne la faire pas, c'est-à-
dire affirmer ou nier, poursuivre ou fuir
une même chose; ou plutôt elle consiste
seulement en ce que, pour affirmer ou
nier, poursuivre ou fuir les choses que
l'entendement nous propose, nous agis-
sons de telle sorte que nous ne sentons
point qu'aucune force extérieure nous y
contraigne. Car, afin que je sois libre, il

n'est pas nécessaire que je sois indifférent
à choisir l'un ou l'autre des deux contraires;
mais plutôt, d'autant plus que je penche
vers l'un, soit que je connoisse évidemment
que le bien et le vrai s'y rencontrent,
soit que Dieu dispose ainsi l'intérieur de
ma pensée, d'autant plus librement j'en
fais choix et je l'embrasse : et certes, la
grâce divine et la connoissance naturelle,
bien loin de diminuer ma liberté, l'aug-
mentent plutôt et la fortifient; de façon
que cette indifférence que je sens lorsque
je ne suis point emporté vers un côté plutôt que vers un autre par le poids d'aucune raison, est le plus bas degré de la
liberté, et fait plutôt paroître un défaut
dans la connoissance qu'une perfection
dans la volonté; car si je connoissois toujours clairement ce qui est vrai et ce qui
est bon, je ne serois jamais en peine de
délibérer quel jugement et quel choix
je devrois faire; et ainsi je serois en-

tièrement libre , sans jamais être indifférent.

De tout ceci je reconnois que ni la puissance de vouloir, laquelle j'ai reçue de
Dieu , n'est point d'elle-même la cause de
mes erreurs, car elle est très ample et
très parfaite en son genre ; ni aussi la puissance d'entendre ou de concevoir, car ne
concevant rien que par le moyen de cette
puissance que Dieu m'a donnée pour concevoir, sans doute que tout ce que je conçois, je le conçois comme il faut, et il n'est
pas possible qu'en cela je me trompe.

D'où est-ce donc que naissent mes erreurs ? c'est à savoir de cela seul que la
volonté étant beaucoup plus ample et plus
étendue que l'entendement, je ne la con-
tiens pas dans les mêmes limites, mais que
je l'étends aussi aux choses que je n'entends pas; auxquelles étant de soi indif-
férente, elle s'égare fort aisément, et choi-
sit le faux pour le vrai, et le mal pour le

bien : ce qui fait que je me trompe et que je pèche.

Par exemple, examinant ces jours passés si quelque chose existoit véritablement dans le monde, et connoissant que de cela seul que j'examinois cette question, il suivoit très évidemment que j'existois moi-même, je ne pouvois pas m'empêcher de juger qu'une chose que je concevois si clairement étoit vraie ; non que je m'y trouvasse forcé par aucune cause extérieure, mais seulement parce que d'une grande clarté qui étoit en mon entendement, a suivi une grande inclination en ma volonté ; et je me suis porté à croire avec d'autant plus de liberté, que je me suis trouvé avec moins d'indifférence. Au contraire, à présent je ne connois pas seulement que j'existe, en tant que je suis quelque chose qui pense ; mais il se présente aussi en mon esprit une certaine idée de la nature corporelle : ce qui fait que je doute si cette nature qui

pense, qui est en moi, ou plutôt que je suis
moi-même, est différente de cette nature
corporelle, ou bien si toutes deux ne sont
qu'une même chose; et je suppose ici que
je ne connois encore aucune raison qui me
persuade plutôt l'un que l'autre: d'où il
suit que je suis entièrement indifférent à le
nier ou à l'assurer, ou bien même à m'abs-
tenir d'en donner aucun jugement.

Et cette indifférence ne s'étend pas seulement aux choses dont l'entendement n'a
aucune connoissance , mais généralement
aussi à toutes celles qu'il ne découvre pas
avec une parfaite clarté , au moment que la
volonté en délibère; car pour probables que
soient les conjectures qui me rendent en-
clin à juger quelque chose , la seule connoissance que j'ai que ce ne sont que des
conjectures et non des raisons certaines et
indubitables, suffit pour me donner occasion de juger le contraire : ce que j'ai suffisamment expérimenté ces jours passés ,

lorsque j'ai posé pour faux tout ce que j'a-
vois tenu auparavant pour très véritable,
pour cela seul que j'ai remarqué que l'on
en pouvoit en quelque façon douter. Or,
si je m'abstiens de donner mon jugement
sur une chose, lorsque je ne la conçois pas
avec assez de clarté et de distinction, il est
évident que je fais bien, et que je ne suis
point trompé ; mais si je me détermine à
la nier ou assurer, alors je ne me sers pas
comme je dois de mon libre arbitre ; et
si j'assure ce qui n'est pas vrai, il est
évident que je me trompe : même aussi,
encore que je juge selon la vérité, cela n'arrive que par hasard, et je ne laisse pas de
faillir et d'user mal de mon libre arbitre ; car
la lumière naturelle nous enseigne que la
connoissance de l'entendement doit toujours
précéder la détermination de la volonté.

Et c'est dans ce mauvais usage du libre
arbitre que se rencontre la privation qui
constitue la forme de l'erreur. La priva-

tion, dis-je, se rencontre dans l'opération
en tant qu'elle procède de moi, mais elle
ne se trouve pas dans la faculté que j'ai
reçue de Dieu, ni même dans l'opération,
en tant qu'elle dépend de lui. Car je n'ai
certes aucun sujet de me plaindre de ce que
Dieu ne m'a pas donné une intelligence plus
ample, ou une lumière naturelle plus parfaite
que celle qu'il m'a donnée, puisqu'il est de
la nature de l'entendement fini de ne pas
entendre plusieurs choses, et de la nature
d'un entendement créé d'être fini : mais j'ai
tout sujet de lui rendre grâces de ce que
ne m'ayant jamais rien dû, il m'a néanmoins donné tout le peu de perfections qui
est en moi ; bien loin de concevoir des
sentiments si injustes que de m'imaginer
qu'il m'ait ôté ou retenu injustement les
autres perfections qu'il ne m'a point données.

  Je n'ai pas aussi sujet de me plaindre de
ce qu'il m'a donné une volonté plus ample

que l'entendement , puisque la volonté ne
consistant que dans une seule chose et
comme dans un indivisible , il semble que
sa nature est telle qu'on ne lui sauroit rien
ôter sans la détruire ; et certes , plus elle
a d'étendue, et plus ai-je à remercier la
bonté de celui qui me l'a donnée.

Et enfin je ne dois pas aussi me plaindre de ce que Dieu concourt avec moi pour
former les actes de cette volonté , c'est-à-
dire les jugements dans lesquels je me trompe, parce que ces actes-là sont entièrement
vrais et absolument bons , en tant qu'ils
dépendent de Dieu; et il y a en quelque
sorte plus de perfection en ma nature, de ce
que je les puis former, que si je ne le pouvois pas. Pour la privation, dans laquelle
seule consiste la raison formelle de l'erreur
et du péché , elle n'a besoin d'aucun concours de Dieu , parce que ce n'est pas une
chose ou un être, et que si on la rapporte
à Dieu comme à sa cause , elle ne doit pas

être nommée privation , mais seulement
négation , selon la signification qu'on donne à ces mots dans l'école. Car en effet ce
n'est point une imperfection en Dieu de ce
qu'il m'a donné la liberté de donner mon
jugement, ou de ne le pas donner sur certaines choses dont il n'a pas mis une claire
et distincte connoissance en mon entendement ; mais sans doute c'est en moi une
imperfection de ce que je n'use pas bien
de cette liberté, et que je donne témérai-
rement mon jugement sur des choses que
je ne conçois qu'avec obscurité et confusion.

Je vois néanmoins qu'il étoit aisé à Dieu
de faire en sorte que je ne me trompasse
jamais, quoique je demeurasse libre et
d'une connoissance bornée : à savoir, s'il
eût donné à mon entendement une claire
et distincte intelligence de toutes les choses dont je devois jamais délibérer, ou
bien seulement s'il eût si profondément

gravé dans ma mémoire la résolution de
ne juger jamais d'aucune chose sans la concevoir clairement et distinctement, que je
ne la pusse jamais oublier. Et je remarque
bien qu'en tant que je me considère tout
seul, comme s'il n'y avoit que moi au
monde, j'aurois été beaucoup plus parfait
que je ne suis, si Dieu m'avoit créé tel que
je ne faillisse jamais ; mais je ne puis pas
pour cela nier que ce ne soit en quelque
façon une plus grande perfection dans l'u-
nivers, de ce que quelques-unes de ses
parties ne sont pas exemptes de défaut ,
que d'autres le sont , que si elles étoient
toutes semblables.

Et je n'ai aucun droit de me plaindre
que Dieu, m'ayant mis au monde, n'ait
pas voulu me mettre au rang des choses
les plus nobles et les plus parfaites ; même
j'ai sujet de me contenter de ce que, s'il
ne m'a pas donné la perfection de ne point
faillir par le premier moyen que j'ai ci-

dessus déclaré, qui dépend d'une claire et
évidente connoissance de toutes les choses
dont je puis délibérer, il a au moins laissé
en ma puissance l'autre moyen qui est de
retenir fermement la résolution de ne jamais donner mon jugement sur les choses
dont la vérité ne m'est pas clairement connue; car quoique j'expérimente en moi
cette foiblesse de ne pouvoir attacher continuellement mon esprit à une même pensée, je puis toutefois, par une méditation
attentive et souvent réitérée, me l'impri-
mer si fortement en la mémoire, que je
ne manque jamais de m'en ressouvenir
toutes les fois que j'en aurai besoin, et acquérir de cette façon l'habitude de ne point
faillir; et d'autant que c'est en cela que
consiste la plus grande et la principale perfection de l'homme, j'estime n'avoir pas
aujourd'hui peu gagné par cette méditation, d'avoir découvert la cause de l'erreur et de la fausseté.

Et certes il n'y en peut avoir d'autres
que celle que je viens d'expliquer : car, toutes les fois que je retiens tellement ma volonté dans les bornes de ma connoissance,
qu'elle ne fait aucun jugement que des choses qui lui sont clairement et distinctement
représentées par l'entendement, il ne se
peut faire que je me trompe ; parce que
toute conception claire et distincte est sans
doute quelque chose ; et partant elle ne
peut tirer son origine du néant, mais doit
nécessairement avoir Dieu pour son auteur ; Dieu, dis-je, qui étant souverainement parfait ne peut être cause d'aucune
erreur ; et par conséquent il faut conclure
qu'une telle conception ou un tel jugement
est véritable. Au reste je n'ai pas seulement appris aujourd'hui ce que je dois
éviter pour ne plus faillir, mais aussi ce que
je dois faire pour parvenir à la connoissance de la vérité. Car certainement j'y
parviendrai si j'arrête suffisamment mon

attention sur toutes les choses que je conçois parfaitement, et si je les sépare des autres que je ne conçois qu'avec confusion et
obscurité : à quoi dorénavant je prendrai
soigneusement garde.

———

MÉDITATION CINQUIÈME.

DE L'ESSENCE DES CHOSES MATÉRIELLES ; ET,
POUR LA SECONDE FOIS, DE L'EXISTENCE
DE DIEU.

IL me reste beaucoup d'autres choses à
examiner touchant les attributs de Dieu et
touchant ma propre nature, c'est-à-dire
celle de mon esprit : mais j'en reprendrai
peut-être une autre fois la recherche. Maintenant, après avoir remarqué ce qu'il faut
faire ou éviter pour parvenir à la connoissance de la vérité , ce que j'ai principalement à faire est d'essayer de sortir et me
débarrasser de tous les doutes où je suis
tombé ces jours passés , et de voir si l'on
ne peut rien connoître de certain touchant
les choses matérielles. Mais avant que j'exa-

mine s'il y a de telles choses qui existent
hors de moi, je dois considérer leurs idées,
en tant qu'elles sont en ma pensée, et voir
quelles sont celles qui sont distinctes, et
quelles sont celles qui sont confuses.

En premier lieu, j'imagine distinctement
cette quantité que les philosophes appellent vulgairement la quantité continue, ou
bien l'extension en longueur, largeur et
profondeur, qui est en cette quantité,
ou plutôt en la chose à qui on l'attribue.
De plus, je puis nombrer en elle plusieurs
diverses parties, et attribuer à chacune de
ces parties toutes sortes de grandeurs, de
figures, de situations et de mouvements ;
et enfin je puis assigner à chacun de ces
mouvements toutes sortes de durées. Et je
ne connois pas seulement ces choses avec
distinction, lorsque je les considère ainsi
en général ; mais aussi pour peu que j'y applique mon attention, je viens à connoître une infinité de particularités touchant

les nombres, les figures, les mouvements, et autres choses semblables, dont la vérité se fait paroître avec tant d'évidence et s'accorde si bien avec ma nature, que lorsque je commence à les découvrir, il ne me semble pas que j'apprenne rien de nouveau, mais plutôt que je me ressouviens de ce que je savois déjà auparavant, c'est-à-dire que j'aperçois des choses qui étoient déjà dans mon esprit, quoique je n'eusse pas encore tourné ma pensée vers elles. Et ce que je trouve ici de plus considérable, c'est que je trouve en moi une infinité d'idées de certaines choses qui ne peuvent pas être estimées un pur néant, quoique peut-être elles n'aient aucune existence hors de ma pensée; et qui ne sont pas feintes par moi, bien qu'il soit en ma liberté de les penser ou de ne les penser pas; mais qui ont leurs vraies et immuables natures. Comme, par exemple, lorsque j'imagine un triangle, encore qu'il n'y ait peut-être en aucun lieu

du monde hors de ma pensée une telle
figure, et qu'il n'y en ait jamais eu, il ne
laisse pas néanmoins d'y avoir une certaine
nature, ou forme, ou essence déterminée
de cette figure, laquelle est immuable et
éternelle, que je n'ai point inventée, et
qui ne dépend en aucune façon de mon
esprit; comme il paroît de ce que l'on
peut démontrer diverses propriétés de ce
triangle, à savoir, que ses trois angles sont
égaux à deux droits, que le plus grand angle est soutenu par le plus grand côté, et
autres semblables, lesquelles maintenant,
soit que je le veuille ou non, je reconnois très clairement et très évidemment
être en lui; encore que je n'y aie pensé auparavant en aucune façon, lorsque je me
suis imaginé la première fois un triangle,
et partant on ne peut pas dire que je les
aie feintes et inventées. Et je n'ai que
faire ici de m'objecter que peut-être cette
idée du triangle est venue en mon esprit

par l'entremise de mes sens, pour avoir vu
quelquefois des corps de figure triangulaire; car je puis former en mon esprit une
infinité d'autres figures, dont on ne peut
avoir le moindre soupçon que jamais elles
me soient tombées sous les sens, et je ne
laisse pas toutefois de pouvoir démontrer
diverses propriétés touchant leur nature,
aussi bien que touchant celle du triangle;
lesquelles, certes, doivent être toutes vraies
puisque je les conçois clairement : et partant elles sont quelque chose, et non
pas un pur néant ; car il est très évident
que tout ce qui est vrai est quelque chose,
la vérité étant une même chose avec l'être;
et j'ai déjà amplement démontré ci-dessus
que toutes les choses que je connois clairement et distinctement sont vraies. Et quoique je ne l'eusse pas démontré, toutefois
la nature de mon esprit est telle, que
je ne me saurois empêcher de les estimer
vraies, pendant que je les conçois claire-

ment et distinctement; et je me ressouviens que lors même que j'étois encore fortement attaché aux objets des sens, j'avois
tenu au nombre des plus constantes vérités celles que je concevois clairement et
distinctement touchant les figures, les nombres, et les autres choses qui appartiennent à l'arithmétique et à la géométrie.

Or, maintenant si de cela seul que je
puis tirer de ma pensée l'idée de quelque
chose, il s'ensuit que tout ce que je reconnois clairement et distinctement appartenir
à cette chose lui appartient en effet, ne puis-
je pas tirer de ceci un argument et une
preuve démonstrative de l'existence de
Dieu? Il est certain que je ne trouve pas
moins en moi son idée, c'est-à-dire l'idée
d'un être souverainement parfait, que celle
de quelque figure ou de quelque nombre
que ce soit : et je ne connois pas moins clairement et distinctement qu'une actuelle et
éternelle existence appartient à sa nature,

que je connois que tout ce que je puis démontrer de quelque figure, ou de quelque
nombre, appartient véritablement à la na-.
ture de cette figure ou de ce nombre; et
partant, encore que tout ce que j'ai conclu
dans les Méditations précédentes ne se trouvât point véritable, l'existence de Dieu de-
vroit passer en mon esprit au moins pour
aussi certaine que j'ai estimé jusques ici
toutes les vérités de mathématiques, qui
ne regardent que les nombres et les figures : bien qu'à la vérité cela ne paroisse pas
d'abord entièrement manifeste, mais semble
avoir quelque apparence de sophisme. Car
ayant accoutumé dans toutes les autres choses de faire distinction entre l'existence et
l'essence, je me persuade aisément que l'existence peut être séparée de l'essence de
Dieu, et qu'ainsi on peut concevoir Dieu
comme n'étant pas actuellement. Mais néanmoins, lorsque j'y pense avec plus d'attention, je trouve manifestement que l'exis-

tence ne peut non plus être séparée de l'essence de Dieu, que de l'essence d'un triangle
rectiligne la grandeur de ses trois angles
égaux à deux droits, ou bien de l'idée d'une
montagne l'idée d'une vallée ; ensorte qu'il
n'y a pas moins de répugnance de concevoir
un Dieu, c'est-à-dire un être souverainement
parfait, auquel manque l'existence, c'est-à-
dire auquel manque quelque perfection,
que de concevoir une montagne qui n'ait
point de vallée.

Mais encore qu'en effet je ne puisse pas
concevoir un Dieu sans existence, non plus
qu'une montagne sans vallée ; toutefois,
comme de cela seul que je conçois une
montagne avec une vallée, il ne s'ensuit
pas qu'il y ait aucune montagne dans le
monde, de même aussi, quoique je conçoive Dieu comme existant, il ne s'ensuit
pas ce semble pour cela que Dieu existe :
car ma pensée n'impose aucune nécessité
aux choses ; et comme il ne tient qu'à moi

d'imaginer un cheval ailé, encore qu'il n'y
en ait aucun qui ait des ailes, ainsi je
pourrois peut-être attribuer l'existence à
Dieu, encore qu'il n'y eût aucun Dieu qui
existât. Tant s'en faut, c'est ici qu'il y a
un sophisme caché sous l'apparence de cette
objection : car de ce que je ne puis concevoir une montagne sans une vallée, il ne
s'ensuit pas qu'il y ait au monde aucune
montagne ni aucune vallée, mais seulement
que la montagne et la vallée, soit qu'il y en
ait, soit qu'il n'y en ait point, sont inséparables l'une de l'autre; au lieu que de
cela seul que je ne puis concevoir Dieu
que comme existant, il s'ensuit que l'existence est inséparable de lui, et partant qu'il
existe véritablement : non que ma pensée
puisse faire que cela soit, ou qu'elle impose aux choses aucune nécessité; mais, au
contraire, la nécessité qui est en la chose
même, c'est-à-dire la nécessité de l'existence
de Dieu, me détermine à avoir cette pen-

sée. Car il n'est pas en ma liberté de concevoir un Dieu sans existence, c'est-à-dire
un Etre souverainement parfait sans une
souveraine perfection, comme il m'est libre
d'imaginer un cheval sans ailes ou avec des
ailes.

Et l'on ne doit pas aussi dire ici qu'il est
à la vérité nécessaire que j'avoue que Dieu
existe, après que j'ai supposé qu'il possède
toutes sortes de perfections, puisque l'existence en est une, mais que ma première
supposition n'étoit pas nécessaire; non plus
qu'il n'est point nécessaire de penser que
toutes les figures de quatre côtés se peuvent inscrire dans le cercle, mais que, sup-
posant que j'aie cette pensée, je suis contraint d'avouer que le rhombe y peut être
inscrit, puisque c'est une figure de quatre
côtés, et ainsi je serai contraint d'avouer une
chose fausse. On ne doit point, dis-je, alléguer cela : car encore qu'il ne soit pas
nécessaire que je tombe jamais dans aucune

14

pensée de Dieu, néanmoins toutes les fois
qu'il m'arrive de penser à un Etre premier
et souverain, et de tirer, pour ainsi dire,
son idée du trésor de mon esprit, il est nécessaire que je lui attribue toutes sortes de
perfections, quoique je ne vienne pas à les
nombrer toutes, et à appliquer mon attention sur chacune d'elles en particulier. Et
cette nécessité est suffisante pour faire que
par après (sitôt que je viens à reconnoître
que l'existence est une perfection) je conclue fort bien que cet Etre premier et souverain existe : de même qu'il n'est pas nécessaire que j'imagine jamais aucun triangle; mais toutes les fois que je veux considérer une figure rectiligne, composée
seulement de trois angles, il est absolument
nécessaire que je lui attribue toutes les
choses qui servent à conclure que ces trois
angles ne sont pas plus grands que deux
droits, encore que peut-être je ne considère
pas alors cela en particulier. Mais quand

j'examine quelles figures sont capables d'être
inscrites dans le cercle, il n'est en aucune
façon nécessaire que je pense que toutes
les figures de quatre côtés sont de ce nombre ; au contraire, je ne puis pas même
feindre que cela soit, tant que je ne voudrai rien recevoir en ma pensée que ce que
je pourrai concevoir clairement et distinctement. Et par conséquent il y a une grande
différence entre les fausses suppositions,
comme est celle-ci, et les véritables idées
qui sont nées avec moi, dont la première
et principale est celle de Dieu. Car en effet
je reconnois en plusieurs façons que cette
idée n'est point quelque chose de feint ou
d'inventé, dépendant seulement de ma pensée, mais que c'est l'image d'une vraie et
immuable nature : premièrement, à cause
que je ne saurois concevoir autre chose que
Dieu seul, à l'essence de laquelle l'existence
appartienne avec nécessité : puis aussi, pour
ce qu'il ne m'est pas possible de concevoir

deux ou plusieurs dieux tels que lui ; et ,
posé qu'il y en ait un maintenant qui existe,
je vois clairement qu'il est nécessaire qu'il
ait été auparavant de toute éternité, et
qu'il soit éternellement à l'avenir : et enfin, parce que je conçois plusieurs autres
choses en Dieu où je ne puis rien diminuer
ni changer.

Au reste, de quelque preuve et argument
que je me serve, il en faut toujours revenir
là, qu'il n'y a que les choses que je conçois
clairement et distinctement, qui aient la
force de me persuader entièrement. Et quoique entre les choses que je conçois de cette
sorte, il y en ait à la vérité quelques-unes
manifestement connues d'un chacun, et qu'il
y en ait d'autres aussi qui ne se découvrent
qu'à ceux qui les considèrent de plus près
et qui les examinent plus exactement, toutefois après qu'elles sont une fois découver-
tes, elles ne sont pas estimées moins certaines les unes que les autres. Comme, par

exemple, en tout triangle rectangle, encore qu'il ne paroisse pas d'abord si facilement que le carré de la base est égal aux carrés des deux autres côtés, comme il est évident que cette base est opposée au plus grand angle, néanmoins, depuis que cela a été une fois reconnu, on est autant persuadé de la vérité de l'un que de l'autre. Et pour ce qui est de Dieu, certes si mon esprit n'é-toit prévenu d'aucuns préjugés, et que ma pensée ne se trouvât point divertie par la présence continuelle des images des choses sensibles, il n'y auroit aucune chose que je connusse plus tôt ni plus facilement que lui. Car y a-t-il rien de soi plus clair et plus manifeste que de penser qu'il y a un Dieu, c'est-à-dire un Etre souverain et par-fait, en l'idée duquel seul l'existence né-cessaire ou éternelle est comprise, et par conséquent qui existe? Et quoique, pour bien concevoir cette vérité, j'aie eu besoin d'une grande application d'esprit, toutefois

à présent je ne m'en tiens pas seulement
aussi assuré que de tout ce qui me semble
le plus certain : mais outre cela je remarque que la certitude de toutes les autres choses en dépend si absolument,
que sans cette connoissance il est impossible de pouvoir jamais rien savoir parfaitement.

Car encore que je sois d'une telle nature que, dès aussitôt que je comprends
quelque chose fort clairement et fort distinctement, je ne puis m'empêcher de la
croire vraie; néanmoins, parce que je suis
aussi d'une telle nature que je ne puis pas
avoir l'esprit continuellement attaché à une
même chose, et que souvent je me ressouviens d'avoir jugé une chose être vraie, lorsque je cesse de considérer les raisons qui
m'ont obligé à la juger telle, il peut arriver
pendant ce temps-là que d'autres raisons se
présentent à moi, lesquelles me feroient
aisément changer d'opinion, si j'ignorois

qu'il y eût un Dieu; et ainsi je n'aurois
jamais une vraie et certaine science d'aucune chose que ce soit, mais seulement de
vagues et inconstantes opinions. Comme,
par exemple, lorsque je considère la nature du triangle rectiligne, je connois évidemment, moi qui suis un peu versé dans
la géométrie, que ses trois angles sont égaux
à deux droits; et il ne m'est pas possible
de ne le point croire, pendant que j'applique ma pensée à sa démonstration : mais
aussitôt que je l'en détourne, encore que
je me ressouvienne de l'avoir clairement
comprise, toutefois il se peut faire aisément
que je doute de sa vérité, si j'ignore qu'il
y ait un Dieu; car je puis me persuader
d'avoir été fait tel par la nature, que je
me puisse aisément tromper, même dans
les choses que je crois comprendre avec
le plus d'évidence et de certitude; vu
principalement que je me ressouviens d'a-
voir souvent estimé beaucoup de choses

pour vraies et certaines, lesquelles d'autres
raisons m'ont par après porté à juger absolument fausses.

Mais après avoir reconnu qu'il y a un
Dieu; pour ce qu'en même temps j'ai reconnu aussi que toutes choses dépendent
de lui, et qu'il n'est point trompeur, et
qu'ensuite de cela j'ai jugé que tout ce que
je conçois clairement et distinctement ne
peut manquer d'être vrai; encore que je ne
pense plus aux raisons pour lesquelles j'ai
jugé cela être véritable, pourvu seulement
que je me ressouvienne de l'avoir clairement
et distinctement compris, on ne me peut
apporter aucune raison contraire qui me
le fasse jamais révoquer en doute; et ainsi
j'en ai une vraie et certaine science. Et
cette même science s'étend aussi à toutes
les autres choses que je me ressouviens d'a-
voir autrefois démontrées, comme aux vérités de la géométrie, et autres semblables :
car qu'est-ce que l'on me peut objecter

pour m'obliger à les révoquer en doute?
Sera-ce que ma nature est telle que je suis
fort sujet à me méprendre? Mais je sais déjà
que je ne me puis tromper dans les jugements dont je connois clairement les raisons. Sera-ce que j'ai estimé autrefois beaucoup de choses pour vraies et pour certaines,
que j'ai reconnues par après être fausses?
Mais je n'avois connu clairement ni distinctement aucune de ces choses-là, et ne
sachant point encore cette règle par laquelle
je m'assure de la vérité, j'avois été porté
à les croire, par des raisons que j'ai reconnues depuis être moins fortes que je ne me
les étois pour lors imaginées. Que me
pourra-t-on donc objecter davantage? Sera-
ce que peut-être je dors (comme je me l'é-
tois moi-même objecté ci-devant), ou bien
que toutes les pensées que j'ai maintenant
ne sont pas plus vraies que les rêveries
que nous imaginons étant endormis? Mais,
quand bien même je dormirois, tout ce

qui se présente à mon esprit avec évidence est absolument véritable.

Et ainsi je reconnois très clairement que la certitude et la vérité de toute science dépendent de la seule connoissance du vrai Dieu : en sorte qu'avant que je le connusse je ne pouvois savoir parfaitement aucune autre chose. Et à présent que je le connois , j'ai le moyen d'acquérir une science parfaite touchant une infinité de choses , non-seulement de celles qui sont en lui › mais aussi de celles qui appartiennent à la nature corporelle , en tant qu'elle peut servir d'objet aux démonstrations des géo-mètres, lesquels n'ont point d'égard à son existence.

MÉDITATION SIXIÈME.

DE L'EXISTENCE DES CHOSES MATÉRIELLES, ET DE LA DISTINCTION RÉELLE ENTRE L'AME ET LE CORPS DE L'HOMME.

IL ne me reste plus maintenant qu'à examiner s'il y a des choses matérielles : et certes, au moins sais-je déjà qu'il y en peut avoir, en tant qu'on les considère comme l'objet des démonstrations de géométrie, vu que de cette façon je les conçois fort clairement et fort distinctement. Car il n'y a point de doute que Dieu n'ait la puissance de produire toutes les choses que je suis capable de concevoir avec distinction ; et je n'ai jamais jugé qu'il lui fût impossible de faire quelque chose, que par cela seul que je trouvois de la contradiction

à la pouvoir bien concevoir. De plus, la faculté d'imaginer qui est en moi, et de laquelle je vois par expérience que je me
sers lorsque je m'applique à la considération des choses matérielles, est capable de
me persuader leur existence : car, quand
je considère attentivement ce que c'est que
l'imagination, je trouve qu'elle n'est autre
chose qu'une certaine application de la faculté qui connoît, au corps qui lui est in-
timement présent, et partant qui existe.

Et pour rendre cela très manifeste, je
remarque premièrement la différence qui
est entre l'imagination et la pure intellection ou conception. Par exemple, lorsque
j'imagine un triangle, non-seulement je
conçois que c'est une figure composée de
trois lignes, mais avec cela j'envisage ces
trois lignes comme présentes par la force
et l'application intérieure de mon esprit;
et c'est proprement ce que j'appelle imaginer. Que si je veux penser à un chilio-

gone, je conçois bien à la vérité que c'est
une figure composée de mille côtés aussi facilement que je conçois qu'un triangle est
une figure composée de trois côtés seulement; mais je ne puis pas imaginer les mille
côtés d'un chiliogone comme je fais les
trois d'un triangle, ni pour ainsi dire les
regarder comme présents avec les yeux de
mon esprit. Et quoique, suivant la coutume que j'ai de me servir toujours de mon
imagination lorsque je pense aux choses
corporelles, il arrive qu'en concevant un
chiliogone je me représente confusément
quelque figure, toutefois il est très évident
que cette figure n'est point un chiliogone,
puisqu'elle ne diffère nullement de celle que
je me représenterois si je pensois à un myrio-
gone ou à quelque autre figure de beaucoup
de côtés; et qu'elle ne sert en aucune façon
à découvrir les propriétés qui font la différence du chiliogone d'avec les autres poly-
gones. Que s'il est question de considérer

un pentagone, il est bien vrai que je puis concevoir sa figure, aussi bien que celle d'un chiliogone, sans le secours de l'imagination; mais je la puis aussi imaginer en appliquant l'attention de mon esprit à chacun de ses cinq côtés, et tout ensemble à l'aire ou à l'espace qu'ils renferment. Ainsi, je connois clairement que j'ai besoin d'une particulière contention d'esprit pour imaginer de laquelle je ne me sers point pour concevoir ou pour entendre; et cette particulière contention d'esprit montre évidemment la différence qui est entre l'imagination et l'intellection ou conception pure. Je remarque outre cela que cette vertu d'imaginer qui est en moi, en tant qu'elle diffère de la puissance de concevoir, n'est en aucune façon nécessaire à ma nature ou à mon essence, c'est-à-dire à l'essence de mon esprit; car, encore que je ne l'eusse point, il est sans doute que je demeurerois toujours le même que je suis maintenant:

d'où il semble que l'on puisse conclure
qu'elle dépend de quelque chose qui diffère
de mon esprit. Et je conçois facilement que,
si quelque corps existe auquel mon esprit
soit tellement conjoint et uni qu'il se puisse
appliquer à le considérer quand il lui plaît,
il se peut faire que par ce moyen il imagine les choses corporelles ; en sorte que
cette façon de penser diffère seulement de
la pure intellection en ce que l'esprit en
concevant se tourne en quelque façon vers
soi-même , et considère quelqu'une des
idées qu'il a en soi; mais en imaginant il
se tourne vers le corps, et considère en lui
quelque chose de conforme à l'idée qu'il
a lui-même formée ou qu'il a reçue par les
sens. Je conçois, dis-je, aisément que l'imagination se peut faire de cette sorte, s'il est
vrai qu'il y ait des corps ; et, parce que je
ne puis rencontrer aucune autre voie pour
expliquer comment elle se fait, je conjec-
ture de là probablement qu'il y en a : mais

ce n'est que probablement ; et, quoique
j'examine soigneusement toutes choses, je
ne trouve pas néanmoins que, de cette
idée distincte de la nature corporelle que
j'ai en mon imagination, je puisse tirer aucun argument qui conclue avec nécessité
l'existence de quelque corps.

Or j'ai accoutumé d'imaginer beaucoup
d'autres choses outre cette nature corporelle qui est l'objet de la géométrie : à savoir les couleurs, les sons, les saveurs,
la douleur, et autres choses semblables,
quoique moins distinctement ; et d'autant
que j'aperçois beaucoup mieux ces choses-
là par les sens, par l'entremise desquels et
de la mémoire elles semblent être parvenues
jusqu'à mon imagination, je crois que,
pour les examiner plus commodément, il
est à propos que j'examine en même temps
ce que c'est que sentir, et que je voie si
de ces idées que je reçois en mon esprit par
cette façon de penser que j'appelle sentir,

je ne pourrai point tirer quelque preuve certaine de l'existence des choses corporelles.

Et premièrement, je rappellerai en ma
mémoire quelles sont les choses que j'ai ci-
devant tenues pour vraies, comme les ayant
reçues par les sens, et sur quels fondements ma créance étoit appuyée ; après,
j'examinerai les raisons qui m'ont obligé
depuis à les révoquer en doute ; et enfin,
je considérerai ce que j'en dois maintenant
croire.

Premièrement donc j'ai senti que j'avois
une tête, des mains, des pieds, et tous les
autres membres dont est composé ce corps
que je considérois comme une partie de moi-
même ou peut-être aussi comme le tout :
de plus, j'ai senti que ce corps étoit placé
entre beaucoup d'autres, desquels il étoit
capable de recevoir diverses commodités
et incommodités, et je remarquois ces commodités par un certain sentiment de plaisir ou de volupté, et ces incommodités

par un sentiment de douleur. Et, outre ce
plaisir et cette douleur, je ressentois aussi
en moi la faim, la soif, et d'autres semblables appétits ; comme aussi de certaines
inclinations corporelles vers la joie, la
tristesse, la colère, et autres semblables
passions. Et au-dehors, outre l'extension,
les figures, les mouvements des corps, je
remarquois en eux de la dureté, de la
chaleur, et toutes les autres qualités qui
tombent sous l'attouchement ; de plus, j'y
remarquois de la lumière, des couleurs,
des odeurs, des saveurs et des sons, dont
la variété me donnoit moyen de distinguer
le ciel, la terre, la mer, et généralement
tous les autres corps les uns d'avec les autres. Et certes, considérant les idées de
toutes ces qualités qui se présentoient à
ma pensée, et lesquelles seules je sentois
proprement et immédiatement, ce n'étoit
pas sans raison que je croyois sentir des
choses entièrement différentes de ma pen-

sée, à savoir des corps d'où procédoient
ces idées, car j'expérimentois qu'elles se
présentoient à elle sans que mon consen-
tement y fût requis, en sorte que je ne pouvois sentir aucun objet, quelque volonté
que j'en eusse, s'il ne se trouvoit présent
à l'organe d'un de mes sens; et il n'étoit
nullement en mon pouvoir de ne le pas
sentir lorsqu'il s'y trouvoit présent. Et parce
que les idées que je recevois par les sens
étoient beaucoup plus vives, plus expresses, et même à leur façon plus distinctes
qu'aucunes de celles que je pouvois feindre
de moi-même en méditant, ou bien que
je trouvois imprimées en ma mémoire, il
sembloit qu'elles ne pouvoient procéder de
mon esprit; de façon qu'il étoit nécessaire
qu'elles fussent causées en moi par quelques
autres choses. Desquelles choses n'ayant
aucune connoissance, sinon celle que me
donnoient ces mêmes idées, il ne me pouvoit venir autre chose en l'esprit, sinon que

ces choses-là étoient semblables aux idées
qu'elles causoient. Et pourceque je me res-
souvenois aussi que je m'étois plutôt servi
des sens que de ma raison, et que je recon-
noissois que les idées que je formois de moi-
même n'étoient pas si expresses que celles
que je recevois par les sens, et même qu'elles étoient le plus souvent composées des
parties de celles-ci, je me persuadois aisément que je n'avois aucune idée dans mon
esprit qui n'eût passé auparavant par mes
sens. Ce n'étoit pas aussi sans quelque raison que je croyois que ce corps, lequel par
un certain droit particulier j'appelois mien,
m'appartenoit plus proprement et plus étroitement que pas un autre; car en effet je n'en
pouvois jamais être séparé comme des autres corps : je ressentois en lui et pour lui
tous mes appétits et toutes mes affections;
et enfin j'étois touché des sentiments de
plaisir et de douleur en ses parties, et non
pas en celles des autres corps, qui en sont

séparés. Mais quand j'examinois pourquoi
de ce je ne sais quel sentiment de douleur
suit la tristesse en l'esprit, et du sentiment de
plaisir naît la joie, ou bien pourquoi cette
je ne sais quelle émotion de l'estomac, que
j'appelle faim, nous fait avoir envie de manger, et la sécheresse du gosier nous fait
avoir envie de boire, et ainsi du reste, je
n'en pouvois rendre aucune raison, sinon
que la nature me l'enseignoit de la sorte;
car il n'y a certes aucune affinité ni
aucun rapport, au moins que je puisse
comprendre, entre cette émotion de l'estomac et le desir de manger, non plus
qu'entre le sentiment de la chose qui cause
de la douleur, et la pensée de tristesse que
fait naître ce sentiment. Et, en même façon,
il me sembloit que j'avois appris de la nature toutes les autres choses que je jugeois
touchant les objets de mes sens; pour ce que
je remarquois que les jugements que j'avois
coutume de faire de ces objets se formoient

en moi avant que j'eusse le loisir de peser
et considérer aucunes raisons qui me pussent
obliger à les faire.

' Mais par après, plusieurs expériences
ont peu à peu ruiné toute la créance que
j'avois ajoutée à mes sens : car j'ai observé
plusieurs fois que des tours, qui de loin
m'avoient semblé rondes, me paroissoient
de près être carrées, et que des colosses
élevés sur les plus hauts sommets de ces
tours me paroissoient de petites statues à
les regarder d'en bas; et ainsi, dans une
infinité d'autres rencontres, j'ai trouvé de
l'erreur dans les jugements fondés sur les
sens extérieurs, et non pas seulement sur les
sens extérieurs, mais même sur les intérieurs : car y a-t-il chose plus intime ou
plus intérieure que la douleur? et cependant j'ai autrefois appris de quelques personnes qui avoient les bras et les jambes
coupées, qu'il leur sembloit encore quelquefois sentir de la douleur dans la partie

qu'ils n'avoient plus ; ce qui me donnoit
sujet de penser que je ne pouvois aussi être
entièrement assuré d'avoir mal à quelqu'un
de mes membres, quoique je sentisse en lui
de la douleur. Et à ces raisons de douter
j'en ai encore ajouté depuis peu deux autres fort générales : la première est que je
n'ai jamais rien cru sentir étant éveillé que
je ne puisse quelquefois croire aussi sentir
quand je dors ; et comme je ne crois pas
que les choses qu'il me semble que je sens en
dormant procèdent de quelques objets hors
de moi, je ne voyois pas pourquoi je devois
plutôt avoir cette créance touchant celles
qu'il me semble que je sens étant éveillé : et
la seconde, que, ne connoissant pas encore ou plutôt feignant de ne pas connoître
l'auteur de mon être, je ne voyois rien qui
pût empêcher que je n'eusse été fait tel par
la nature , que je me trompasse même dans
les choses qui me paroissoient les plus véritables. Et , pour les raisons qui m'avoient

ci-devant persuadé la vérité des choses sensibles, je n'avois pas beaucoup de peine à
y répondre; car la nature semblant me
porter à beaucoup de choses dont la raison
me détournoit, je ne croyois pas me devoir confier beaucoup aux enseignements
de cette nature. Et quoique les idées que je
reçois par les sens ne dépendent point de
ma volonté, je ne pensois pas devoir pour
cela conclure qu'elles procédoient de choses
différentes de moi, puisque peut-être il se
peut rencontrer en moi quelque faculté,
bien qu'elle m'ait été jusques ici inconnue,
qui en soit la cause et qui les produise.

Mais maintenant que je commence à me
mieux connoître moi-même et à découvrir
plus clairement l'auteur de mon origine,
je ne pense pas à la vérité que je doive té-
mérairement admettre toutes les choses que
les sens semblent nous enseigner, mais je
ne pense pas aussi que je les doive toutes
généralement révoquer en doute.

Et premièrement pourceque je sais que toutes les choses que je conçois clairement et distinctement peuvent être produites par Dieu telles que je les conçois, il suffit que je puisse concevoir clairement et distinctement une chose sâns une autre, pour être certain que l'une est distincte ou différente de l'autre, parce qu'ellés peuvent être mises séparément, aù moins par la toute-puissance de Dieu; et il n'importe par quelle puissance cette séparation se fasse pour être obligé à les juger différentes : et partant, de cela même que je connois avec certitude que j'existe, et que cependant je ne remarque point qu'il appartienne nécessairement aucune autre chose à ma nature ou à mon essence sinon que je suis une chose qui pense, je conclus fort bien que mon essence consiste en cela seul que je suis une chose qui pense, ou une substance dont toute l'essence ou la nature n'est que de penser. Et quoique, peut-être,

16

ou plutôt certainement, comme je le dirai
tantôt, j'aie un corps auquel je suis très
étroitement conjoint ; néanmoins, pource
que d'un côté j'ai une claire et distincte
idée de moi-même, en tant que je suis seulement une chose qui pense et non étendue, et que d'un autre j'ai une idée distincte du corps, en tant qu'il est seulement
une chose étendue, et qui ne pense point,
il est certain que moi, c'est-à-dire mon
âme, par laquelle je suis ce que je suis,
est entièrement et véritablement distincte
de mon corps, et qu'elle peut être ou exister sans lui.

De plus, je trouve en moi diverses facultés de penser qui ont chacune leur manière particulière ; par exemple, je trouve
en moi les facultés d'imaginer et de sentir,
sans lesquelles je puis bien me concevoir
clairement et distinctement tout entier,
mais non pas réciproquement elles sans
moi, c'est-à-dire sans une substance intel-

ligente à qui elles soient attachées ou à
qui elles appartiennent ; car, dans la
notion que nous avons de ces facultés,
ou, pour me servir des termes de l'école,
dans leur concept formel, elles enferment
quelque sorte d'intellection : d'où je conçois qu'elles sont distinctes de moi comme
les modes le sont des choses. Je connois
aussi quelques autres facultés, comme celles
de changer de lieu, de prendre diverses
situations, et autres semblables, qui ne
peuvent être conçues, non plus que les précédentes, sans quelque substance à qui elles
soient attachées, ni par conséquent exister
sans elle ; mais il est très évident que ces
facultés, s'il est vrai qu'elles existent, doivent appartenir à quelque substance corporelle ou étendue, et non pas à une substance intelligente, puisque dans leur concept clair et distinct, il y a bien quelque
sorte d'extension qui se trouve contenue,
mais point du tout d'intelligence. De plus,

je ne puis douter qu'il n'y ait en moi une
certaine faculté passive de sentir, c'est-à-
dire de recevoir et de connoître les idées
des choses sensibles; mais elle me seroit
inutile, et je ne m'en pourrois aucunement
servir, s'il n'y avoit aussi en moi, ou en
quelque autre chose, une autre faculté active, capable de former et produire ces
idées. Or, cette faculté active ne peut être
en moi en tant que je ne suis qu'une chose
qui pense, vu qu'elle ne présuppose point
ma pensée, et aussi que ces idées-là me
sont souvent représentées sans que j'y con-
tribue en aucune façon, et même souvent
contre mon gré; il faut donc nécessairement qu'elle soit en quelque substance différente de moi, dans laquelle toute la réalité, qui est objectivement dans les idées
qui sont produites par cette faculté, soit
contenue formellement ou éminemment,
comme je l'ai remarqué ci-devant : et cette
substance est ou un corps, c'est-à-dire une

nature corporelle, dans laquelle est contenu formellement et en effet tout ce qui est objectivement et par représentation dans ces idées; ou bien c'est Dieu même, ou quelque autre créature plus noble que le corps, dans laquelle cela même est contenu éminemment. Or, Dieu n'étant point trompeur, il est très manifeste qu'il ne m'envoie point ces idées immédiatement par lui-même, ni aussi par l'entremise de quelque créature dans laquelle leur réalité ne soit pas contenue formellement, mais seulement éminemment. Car ne m'ayant donné aucune faculté pour connoître que cela soit, mais au contraire une très grande inclination à croire qu'elles partent des choses corporelles, je ne vois pas comment on pourroit l'excuser de tromperie, si en effet ces idées partoient d'ailleurs, ou étoient produites par d'autres causes que par des choses corporelles : et partant il faut conclure qu'il y a des choses corporelles qui

existent. Toutefois elles ne sont peut-être
pas entièrement telles que nous les aperce-
vons par les sens, car il y a bien des choses
qui rendent cette perception des sens fort
obscure et confuse; mais au moins faut-il
avouer que toutes les choses que j'y conçois clairement et distinctement, c'est-à-
dire toutes les choses, généralement parlant, qui sont comprises dans l'objet de la
géométrie spéculative, s'y rencontrent véritablement.

Mais pour ce qui est des autres choses,
lesquelles ou sont seulement particulières,
par exemple que le soleil soit de telle grandeur et de telle figure, etc.; ou bien sont
conçues moins clairement et moins distinctement, comme la lumière, le son, la douleur, et autres semblables, il est certain
qu'encore qu'elles soient fort douteuses et
incertaines, toutefois de cela seul que Dieu
n'est point trompeur, et que par conséquent il n'a point permis qu'il pût y avoir

aucune fausseté dans mes opinions qu'il ne
m'ait aussi donné quelque faculté capable
de la corriger, je crois pouvoir conclure
assurément que j'ai en moi les moyens de
les connoître avec certitude. Et premièrement, il n'y a point de doute que tout ce
que la nature m'enseigne contient quelque
vérité : car par la nature, considérée en
général, je n'entends maintenant autre
chose que Dieu même, ou bien l'ordre et
la disposition que Dieu a établie dans les
choses créées ; et par ma nature en particulier, je n'entends autre chose que la complexion ou l'assemblage de toutes les choses
que Dieu m'a données.

Or, il n'y a rien que cette nature m'enseigne plus expressément ni plus sensible-
ment, sinon que j'ai un corps qui est mal
disposé quand je sens de la douleur, qui
a besoin de manger ou de boire quand j'ai
les sentiments de la faim ou de la soif, etc.
Et partant je ne dois aucunement dou-

ter qu'il n'y ait en cela quelque vérité.

La nature m'enseigne aussi par ces sentiments de douleur, de faim, de soif, etc.,
que je ne suis pas seulement logé dans mon
corps ainsi qu'un pilote en son navire,
mais outre cela que je lui suis conjoint très
étroitement, et tellement confondu et mêlé
que je compose comme un seul tout avec
lui. Car si cela n'étoit, lorsque mon corps
est blessé, je ne sentirois pas pour cela de
la douleur, moi qui ne suis qu'une chose
qui pense, mais j'apercevrois cette blessure par le seul entendement, comme un
pilote aperçoit par la vue si quelque chose
se rompt dans son vaisseau. Et lorsque mon
corps a besoin de boire ou de manger, je
connoîtrois simplement cela même, sans
en être averti par des sentiments confus
de faim et de soif : car en effet tous
ces sentiments de faim, de soif, de douleur, etc., ne sont autre chose que de certaines façons confuses de penser, qui pro-

viennent et dépendent de l'union et comme
du mélange de l'esprit avec le corps.

Outre cela, la·nature m'enseigne que
plusieurs autres corps existent autour du
mien, desquels j'ai à poursuivre les uns et
à fuir les autres. Et certes, de ce que je
sens différentes sortes de couleurs, d'o-
deurs, de saveurs, de sons, de chaleur,
de dureté, etc., je conclus fort bien qu'il
y a dans les corps d'où procèdent toutes
ces diverses perceptions des sens, quelques
variétés qui leur répondent, quoique peut-
être ces variétés ne leur soient point en
effet semblables; et de ce qu'entre ces diverses perceptions des sens, les unes me
sont agréables, et les autres désagréables,
il n'y a point de doute que mon corps,
ou plutôt moi-même tout entier, en tant
que je suis composé de corps et d'âme, ne
puisse recevoir diverses commodités ou incommodités des autres corps qui l'envi-
ronnent.

Mais il y a plusieurs autres choses qu'il semble que la nature m'ait enseignées, lesquelles toutefois je n'ai pas véritablement apprises d'elle, mais qui se sont introduites en mon esprit par une certaine coutume que j'ai de juger inconsidérément des choses; et ainsi il peut aisément arriver qu'elles contiennent quelque fausseté : comme, par exemple, l'opinion que j'ai que tout espace dans lequel il n'y a rien qui meuve et fasse impression sur mes sens soit vide; que dans un corps qui est chaud il y ait quelque chose de semblable à l'idée de la chaleur qui est en moi; que dans un corps blanc ou noir il y ait la même blancheur ou noirceur que je sens; que dans un corps amer ou doux il y ait le même goût ou la même saveur, et ainsi des autres; que les astres, les tours, et tous les autres corps éloignés, soient de la même figure et grandeur qu'ils paroissent de loin à nos yeux, etc. Mais afin qu'il n'y ait rien en ceci que je ne conçoive dis-

tinctement, je dois précisément définir ce
que j'entends proprement lorsque je dis
que la nature m'enseigne quelque chose.
Car je prends ici la nature en une signification plus resserrée que lorsque je l'appelle un assemblage ou une complexion de
toutes les choses que Dieu m'a données,
vu que cet assemblage ou complexion comprend beaucoup de choses qui n'appartiennent qu'à l'esprit seul, desquelles je
n'entends point ici parler en parlant de la
nature, comme, par exemple, la notion
que j'ai de cette vérité, que ce qui a une
fois été fait ne peut plus n'avoir point été
fait, et une infinité d'autres semblables,
que je connois par la lumière naturelle
sans l'aide du corps; et qu'il en comprend
aussi plusieurs autres qui n'appartiennent
qu'au corps seul, et ne sont point ici non
plus contenues sous le nom de nature,
comme la qualité qu'il a d'être pesant, et
plusieurs autres semblables, desquelles je

ne parle pas aussi, mais seulement des choses que Dieu m'a données, comme étant
composé d'esprit et de corps. Or, cette nature m'apprend bien à fuir les choses qui
causent en moi le sentiment de la douleur,
et à me porter vers celles qui me font avoir
quelque sentiment de plaisir ; mais je ne
vois point qu'outre cela elle m'apprenne que
de ces diverses perceptions des sens, nous
devions jamais rien conclure touchant les
choses qui sont hors de nous, sans que
l'esprit les ait soigneusement et mûrement
examinées ; car c'est, ce me semble, à l'esprit seul, et non point au composé de
l'esprit et du corps, qu'il appartient de
connoître la vérité de ces choses-là. Ainsi,
quoique une étoile ne fasse pas plus d'impression en mon œil que le feu d'une chan-
delle, il n'y a toutefois en moi aucune faculté réelle ou naturelle qui me porte à
croire qu'elle n'est pas plus grande que ce
feu, mais je l'ai jugé ainsi dès mes pre-

mières années sans aucun raisonnable fon-
dement. Et quoique en approchant du feu
je sente de la chaleur, et même que m'en
approchant un peu trop près je ressente
de la douleur, il n'y a toutefois aucune
raison qui me puisse persuader qu'il y a
dans le feu quelque chose de semblable à
cette chaleur, non plus qu'à cette douleur;
mais seulement j'ai raison de croire qu'il
y a quelque chose en lui, quelle qu'elle
puisse être, qui excite en moi ces sentiments de chaleur ou de douleur. De même
aussi, quoiqu'il y ait des espaces dans lesquels je ne trouve rien qui excite et meuve
mes sens, je ne dois pas conclure pour
cela que ces espaces ne contiennent en eux
aucun corps; mais je vois que tant en ceci
qu'en plusieurs autres choses semblables,
j'ai accoutumé de pervertir et confondre
l'ordre de la nature, parce que ces sentiments ou perceptions des sens n'ayant été
mises en moi que pour signifier à mon

17

esprit quelles choses sont convenables ou nuisibles au composé dont il est partie, et jusque-là étant assez claires et assez distinctes, je m'en sers néanmoins comme si elles étoient des règles très certaines, par lesquelles je pusse connoître immédiatement l'essence et la nature des corps qui sont hors de moi, de laquelle toutefois elles ne me peuvent rien enseigner que de fort obscur et confus.

Mais j'ai déjà ci-devant assez examiné comment, nonobstant la souveraine bonté de Dieu, il arrive qu'il y ait de la fausseté dans les jugements que je fais en cette sorte. Il se présente seulement encore ici une difficulté touchant les choses que la nature m'enseigne devoir être suivies ou évitées, et aussi touchant les sentiments intérieurs qu'elle a mis en moi; car il me semble y avoir quelquefois remarqué de l'erreur, et ainsi que je suis directement trompé par ma nature : comme, par exemple, le goût agréable de quelque viande en laquelle on aura mêlé du poison peut m'inviter à prendre ce poison, et ainsi me tromper. Il est vrai toutefois qu'en ceci la nature peut être excusée, car elle me porte seulement à desirer la viande dans laquelle se rencontre une saveur agréable, et non point à desirer le poison, lequel lui est inconnu; de façon que je ne puis conclure de ceci autre chose sinon que ma nature ne connoît pas entièrement et universellement toutes choses, de quoi certes il n'y a pas lieu de s'étonner, puisque l'homme, étant d'une nature finie, ne peut aussi avoir qu'une connoissance d'une perfection limitée.

Mais nous nous trompons aussi assez souvent même dans les choses auxquelles nous sommes directement portés par la nature, comme il arrive aux malades, lorsqu'ils desirent de boire ou de manger des choses qui leur peuvent nuire. On dira peut-

être ici que ce qui est cause qu'ils se trompent, est que leur nature est corrompue :
mais cela n'ôte pas la difficulté, car un
homme malade n'est pas moins véritablement la créature de Dieu qu'un homme qui
est en pleine santé; et partant il répugne
autant à la bonté de Dieu qu'il ait une nature trompeuse et fautive que l'autre. Et
comme une horloge, composée de roues
et de contre-poids, n'observe pas moins
exactement toutes les lois de la nature lorsqu'elle est mal faite et qu'elle ne montre
pas bien les heures, que lorsqu'elle satisfait
entièrement au desir de l'ouvrier, de même
aussi si je considère le corps de l'homme
comme étant une machine tellement bâtie
et composée d'os, de nerfs, de muscles,
de veines, de sang et de peau, qu'encore
bien qu'il n'y eût en lui aucun esprit, il
ne laisseroit pas de se mouvoir en toutes
les mêmes façons qu'il fait à présent, lorsqu'il ne se meut point par la direction de

sa volonté, ni par conséquent par l'aide
de l'esprit, mais seulement par la disposition de ses organes, je reconnois facilement qu'il seroit aussi naturel à ce corps,
étant par exemple hydropique, de souffrir
la sécheresse du gosier, qui a coutume de
porter à l'esprit le sentiment de la soif, et
d'être disposé par cette sécheresse à mouvoir ses nerfs et ses autres parties en la
façon qui est requise pour boire, et ainsi
d'augmenter son mal et se nuire à soi-même,
qu'il lui est naturel, lorsqu'il n'a aucune
indisposition, d'être porté à boire pour son
utilité par une semblable sécheresse de gosier; et quoique, regardant à l'usage auquel une horloge a été destinée par son
ouvrier, je puisse dire qu'elle se détourne
de sa nature lorsqu'elle ne marque pas bien
les heures; et qu'en même façon, considérant la machine du corps humain comme
ayant été formée de Dieu pour avoir en
soi tous les mouvements qui ont coutume

*

d'y être, j'aie sujet de penser qu'elle ne suit pas l'ordre de sa nature quand son gosier est sec, et que le boire nuit à sa conservation; jc reconnois toutefois que cette dernière façon d'expliquer la nature est beaucoup différente de l'autre : car celle-ci n'est autre chose qu'une certaine dénomination extérieure, laquelle dépend entièrement de ma pensée, qui compare un homme malade et une horloge mal faite avec l'idée que j'ai d'un homme sain et d'une horloge bien faite, et laquelle ne signifie rien qui se trouve en effet dans la chose dont elle se dit; au lieu que, par l'autre façon d'expliquer la nature, j'entends quelque chose qui se rencontre véritablement dans les choses, et partant qui n'est point sans quelque vérité.

Mais certes, quoique au regard d'un corps hydropique ce ne soit qu'une déno-mination extérieure quand on dit que sa

nature est corrompue lorsque, sans avoir
besoin de boire, il ne laisse pas d'avoir le
gosier sec et aride, toutefois, au regard
de tout le composé, c'est-à-dire de l'esprit, ou de l'âme unie au corps, ce n'est
pas une pure dénomination, mais bien
une véritable erreur de nature, de ce qu'il
a soif lorsqu'il lui est très nuisible de boire;
et partant il reste encore à examiner comment la bonté de Dieu n'empêche pas que
la nature de l'homme, prise de cette sorte,
soit fautive et trompeuse.

Pour commencer donc cet examen, je
remarque ici, premièrement, qu'il y a une
grande différence entre l'esprit et le corps,
en ce que le corps, de sa nature, est toujours divisible, et que l'esprit est entièrement indivisible. Car, en effet, quand
je le considère, c'est-à-dire quand je me
considère moi-même, en tant que je suis
seulement une chose qui pense, je ne puis
distinguer en moi aucunes parties, mais

je connois et conçois fort clairement que
je suis une chose absolument une et en-
tière. Et quoique tout l'esprit semble être
uni à tout le corps, toutefois lorsqu'un
pied, ou un bras, ou quelque autre partie
vient à en être séparée, je connois fort
bien que rien pour cela n'a été retranché
de mon esprit. Et les facultés de vouloir,
de sentir, de concevoir, etc. ne peuvent
pas non plus être dites proprement ses
parties, car c'est le même esprit qui s'emploie tout entier à vouloir et tout entier
à sentir et à concevoir, etc. Mais c'est
tout le contraire dans les choses corporelles ou étendues : car je n'en puis imaginer aucune, pour petite qu'elle soit, que
je ne mette aisément en pièces par ma pensée, ou que mon esprit ne divise fort facilement en plusieurs parties, et par conséquent que je connoisse être divisible.
Ce qui suffiroit pour m'enseigner que l'esprit ou l'âme de l'homme est entièrement

différente du corps, si je ne l'avois déjà
d'ailleurs assez appris.

Je remarque aussi que l'esprit ne reçoit
pas immédiatement l'impression de toutes
les parties du corps, mais seulement du
cerveau, ou peut-être même d'une de ses
plus petites parties, à savoir de celle où
s'exerce cette faculté qu'ils appellent le sens
commun, laquelle, toutes les fois qu'elle est
disposée de même façon, fait sentir la même
chose à l'esprit, quoique cependant les autres parties du corps puissent être diversement disposées, comme le témoignent
une infinité d'expériences, lesquelles il n'est
pas besoin ici de rapporter.

Je remarque, outre cela, que la nature
du corps est telle, qu'aucune de ses parties
ne peut être mue par une autre partie un
peu éloignée, qu'elle ne le puisse être aussi
de la même sorte par chacune des parties
qui sont entre deux, quoique cette partie
plus éloignée n'agisse point. Comme, par

exemple, dans la corde A BCD, qui est
toute tendue, si l'on vient à tirer et remuer
la dernière partie D, la première A ne sera
pas mue d'une autre façon qu'elle le pourroit aussi être si on tiroit une des parties
moyennes B ou C, et que la dernière D
demeurât cependant immobile. Et en même
façon, quand je ressens de la douleur au
pied, la physique m'apprend que ce sentiment se communique par le moyen des
nerfs dispersés dans le pied, qui se trouvant tendus comme des cordes depuis là
jusqu'au cerveau lorsqu'ils sont tirés dans
le pied, tirent aussi en même temps l'endroit du cerveau d'où ils viennent, et
auquel ils aboutissent, et y excitent un
certain mouvement que la nature a in-
stitué pour faire sentir de la douleur à
l'esprit, comme si cette douleur étoit
dans le pied; mais, parce que ces nerfs
doivent passer par la jambe, par la cuisse,
par les reins, par le dos et par le col,

pour s'étendre depuis le pied jusqu'au
cerveau, il peut arriver qu'encore bien
que leurs extrémités qui sont dans le pied
ne soient point remuées, mais seulement
quelques-unes de leurs parties qui passent
par les reins ou par le col, cela néanmoins
excite les mêmes mouvements dans le cerveau qui pourroient y être excités par une
blessure reçue dans le pied ; ensuite de quoi
il sera nécessaire que l'esprit ressente dans
le pied la même douleur que s'il y avoit
reçu une blessure : et il faut juger le semblable de toutes les autres perceptions de
nos sens.

Enfin, je remarque que puisque chacun
des mouvements qui se font dans la partie
du cerveau dont l'esprit reçoit immédiatement l'impression, ne lui fait ressentir
qu'un seul sentiment, on ne peut en cela
souhaiter ni imaginer rien de mieux, sinon,
que ce mouvement fasse ressentir à l'esprit, entre tous les sentiments qu'il est ca-

pable de causer, celui qui est le plus propre et le plus ordinairement utile à la conservation du corps humain lorsqu'il est en
pleine santé. Or l'expérience nous fait connoître que tous les sentiments que la nature
nous a donnés sont tels que je viens de
dire; et partant il ne se trouve rien en
eux qui ne fasse paroître la puissance et la
bonté de Dieu. Ainsi, par exemple, lorsque les nerfs qui sont dans le pied sont
remués fortement et plus qu'à l'ordinaire;
leur mouvement passant par la moëlle de
l'épine du dos jusqu'au cerveau, y fait là
une impression à l'esprit qui lui fait sentir
quelque chose, à savoir de la douleur,
comme étant dans le pied, par laquelle l'esprit est averti et excité à faire son possible
pour en chasser la cause, comme très dan-
gereuse et nuisible au pied. Il est vrai que
Dieu pouvoit établir la nature de l'homme
de telle sorte que ce même mouvement
dans le cerveau fît sentir toute autre chose

à l'esprit; par exemple, qu'il se fît sentir soi-même, ou en tant qu'il est dans le cerveau, ou en tant qu'il est dans le pied, ou bien en tant qu'il est en quelque autre endroit entre le pied et le cerveau, ou enfin quelque autre chose telle qu'elle peut être; mais rien de tout cela n'eût si bien contribué à la conservation du corps que ce qu'il lui fait sentir. De même, lorsque nous avons besoin de boire, il naît delà une certaine sécheresse dans le gosier qui remue ses nerfs, et par leur moyen les parties intérieures du cerveau; et ce mouvement fait ressentir à l'esprit le sentiment de la soif, parce qu'en cette occasion-là il n'y a rien qui nous soit plus utile que de savoir que nous avons besoin de boire pour la conservation de notre santé, et ainsi des autres.

D'où il est entièrement manifeste que, nonobstant la souveraine bonté de Dieu, la nature de l'homme, en tant qu'il est

composé de l'esprit et du corps, ne peut
qu'elle ne soit quelquefois fautive et trompeuse. Car s'il y a quelque cause qui excite,
non dans le pied, mais en quelqu'une des
parties du nerf qui est tendu depuis le pied
jusqu'au cerveau, ou même dans le cerveau, le même mouvement qui se fait ordinairement quand le pied est mal disposé,
ou sentira de la douleur comme si elle étoit
dans le pied, et le sens sera naturellement
trompé; parce qu'un même mouvement
dans le cerveau ne pouvant causer en l'esprit qu'un même sentiment, et ce sentiment étant beaucoup plus souvent excité
par une cause qui blesse le pied que par
une autre qui soit ailleurs, il est bien plus
raisonnable qu'il porte toujours à l'esprit
la douleur du pied que celle d'aucune autre
partie. Et, s'il arrive que parfois la sécheresse du gosier ne vienne pas comme à l'ordinaire de ce que le boire est nécessaire
pour la santé du corps, mais de quelque

cause toute contraire, comme il arrive à
ceux qui sont hydropiques, toutefois il est
beaucoup mieux qu'elle trompe en ce ren-
contre-là, que si, au contraire, elle trom-
poit toujours lorsque le corps est bien disposé, et ainsi des autres.

Et certes, cette considération me sert
beaucoup, non-seulement pour reconnoître toutes les erreurs auxquelles ma nature est sujette, mais aussi pour les éviter
ou pour les corriger plus facilement : car,
sachant que tous mes sens me signifient
plus ordinairement le vrai que le faux touchant les choses qui regardent les commodités ou incommodités du corps, et pouvant presque toujours me servir de plusieurs d'entre eux pour examiner une même
chose, et, outre cela, pouvant user de ma
mémoire pour lier et joindre les connoissances présentes aux passées, et de mon
entendement qui a déjà découvert toutes
les causes de mes erreurs, je ne dois plus

craindre désormais qu'il se rencontre de la
fausseté dans les choses qui me sont le plus
ordinairement représentées par mes sens.
Et je dois rejeter tous les doutes de ces
jours passés, comme hyperboliques et-ri-
dicules, particulièrement cette incertitude
si générale touchant le sommeil, que je ne
pouvois distinguer de la veille : car à présent j'y rencontre une très notable différence, en ce que notre mémoire ne peut
jamais lier et joindre nos songes les uns
avec les autres, et avec toute la suite de
notre vie, ainsi qu'elle a de coutume de
joindre les choses qui nous arrivent étant
éveillés. Et en effet, si quelqu'un, lorsque
je veille, m'apparoissoit tout soudain et
disparoissoit de même, comme font les
images que je vois en dormant, en sorte
que je ne pusse remarquer ni d'où il vien-
droit ni où il iroit, ce ne seroit pas sans
raison que je l'estimerois un spectre ou un
fantôme formé dans mon cerveau, et sem-

blable à ceux qui s'y forment quand je
dors, plutôt qu'un vrai homme. Mais lorsque j'aperçois des choses dont je connois
distinctement et le lieu d'où elles viennent,
et celui où elles sont, et le temps auquel
elles m'apparoissent, et que, sans aucune
interruption, je puis lier le sentiment que
j'en ai avec la suite du rêste de ma vie, je
suis entièrement assuré que je les aperçois
en veillant et non point dans le sommeil.
Et je ne dois en aucune façon douter de
la vérité de ces choses-là, si après avoir
appelé tous mes sens, ma mémoire et mon
entendement pour les examiner, il ne m'est
rien rapporté par aucun d'eux qui ait de
la répugnance avec ce qui m'est rapporté par les autres. Car, de ce que Dieu
n'est point trompeur, il suit nécessairement que je ne suis point en cela
trompé. Mais, parce que la nécessité des
affaires nous oblige souvent à nous déterminer avant que nous ayons eu le loisir

de les examiner si soigneusement, il faut
avouer que la vie de l'homme est sujette
à faillir fort souvent dans les choses particulières, et enfin il faut reconnoître l'infirmité et la foiblesse de notre nature.

FIN.

Cet ouvrage parut d'abord en latin, à Paris, 1641, in-8°, sous ce titre : Meditationes de primâ philosophiâ, ubi de Dei existentiâ et animæ immortalitate. *Il en parut une seconde édition latine à Amsterdam, chez Louis Elzevier, in-12, 1642. L'auteur y fit corriger le titre de l'édition de Paris, et substituer le terme de distinction de l'âme d'avec le corps à la place de celui de l'immortalité de l'âme, qui n'y convenoit pas si bien. Niceron parle d'une autre édition latine faite à Naples, 1719, in-8°, sous la date d'Amsterdam, par les soins de Giovacchino Poëta.*

Il parut à Paris, 1647, in-4°, une traduction françoise, par M. le D. D. L. N. S. (M. le duc de Luynes), revue et corrigée par Descartes, qui a fait au texte latin quelques heureux changements. Il s'en est fait à Paris, une réimpression, 1661,

n-4°; une troisième à Paris, 1673, in-4°,
divisée par articles, et avec des sommaires, par R. F. (René Fedé, docteur
n médecine de la faculté d'Angers).
Cette édition a été reproduite in-12,
Paris, 1724. C'est elle que nous don-
nons ici en retranchant les sommaires,
t la division par articles, qui altère un
eu les proportions et les formes du mo-
ument primitif avoué par Descartes.

Lightning Source UK Ltd.
Milton Keynes UK
UKHW022311080223
416651UK00001B/212